景观设计绘图技法

（原著第2版）

（美）格兰特·W.里德（Grant W. Reid） 编著

徐 振 审

韩凌云 译

辽宁科学技术出版社

·沈 阳·

Title of Original English Edition: LANDSCAPE GRAPHICS: Plan, Section, and Perspective Drawing of Landscape Spaces–Revised Edition
by Grant W. Reid ASLA
Copyright © 2002 Grant Reid

This translation published by arrangement with Watson–Guptill Publications, an imprint of the Crown Publishing Group, a division of Penguin Random House LLC

© 2018，简体中文版权归辽宁科学技术出版社所有。
本书由Crown Publishing Group, a division of Penguin Random House LLC授权辽宁科学技术出版社在中国出版中文简体字版本。著作权合同登记号：第06-2016-115号。

图书在版编目（CIP）数据

景观设计绘图技法：原著第2版／（美）格兰特·W.里德（Grant W. Reid）编著；
韩凌云译.—沈阳：辽宁科学技术出版社，2018.9
ISBN 978-7-5591-0643-8

Ⅰ.①景… Ⅱ.①格… ②韩… Ⅲ.①景观设计—绘画技法 Ⅳ.①TU986.2

中国版本图书馆CIP数据核字（2018）第044501号

出版发行：辽宁科学技术出版社
（地址：沈阳市和平区十一纬路25号 邮编：110003）
印 刷 者：沈阳市精华印刷有限公司
经 销 者：各地新华书店
幅面尺寸：285 mm×210 mm
印 张：13
字 数：200千字

出版时间：2018年9月第1版
印刷时间：2018年9月第1次印刷
责任编辑：闻 通
封面设计：李 彤
版式设计：晓 娜
责任校对：尹 昭 王春茹

书 号：ISBN 978-7-5591-0643-8
定 价：48.00元

联系编辑：024-23284740
邮购热线：024-23284502
邮 箱：605807453@qq.com

作者简介

格兰特·W.里德生于新西兰，1965年在坎特伯雷大学获得园艺科学学士学位，1969年在加州大学伯克利分校获得风景园林硕士学位，随后与旧金山和新西兰的风景园林师合作，从事公园规划设计工作。1976年至今，任教于美国科罗拉多州立大学园艺与风景园林系，并荣升终身教授。1978年，他开创了Grant Reid Designs设计公司，经营景观咨询业务，专长于园林设计。1987年，他通过了注册风景园林师考试，在堪萨斯州注册（注册号 #479）。他著有《园林景观设计：从概念到形式》一书。

译者简介

韩凌云，女，江苏第二师范学院讲师，博士。
本书为江苏第二师范学院学术著作出版资助项目。

目 录/CONTENTS

前言

　　本书侧重于传授简单易学的景观绘图技巧和布局方法，可以作为景观专业的教学参考书。书中包含的绘图技巧和相关资料不只适用于景观设计的初级从业者，对想要提高绘图能力的专业人士也会有所裨益。

使用指南

　　本书由浅入深、循序渐进地编排学习内容，每章的模拟练习也是由易到难，对于初学者和绘图教学者而言，如果能严格按照本书的内容编排体系进行学习，认真学习每一章的内容，并认真做练习，一定会收获良多。当然，专业人士和高水平读者也可以根据自己的专业水平和学习目标略过部分章节，有选择地做练习，以便提高学习效率，享受学习乐趣。

　　读者请注意，书上所述的大多数黑白线稿表现技巧，同样也适用于色彩表现，大家可以按照书中所授内容同时进行黑白和彩色练习。作者在延伸阅读中列出了一些优秀的色彩表达和手绘书目，可以作为本书的参考。

　　（注：为了表述方便，在正文中某些地方保留了非国际单位表述，具体换算标准见附录部分"英制与公制转换表"。）

第一章
绘图语言与设计过程

设计者的设计过程大致要经过初步构思、不断完善和最终成图几个阶段，至于具体的工作阶段数量划分会因项目类型和参与者人员构成不同而不同。本书将设计过程粗略地分为四个阶段：

◎项目准备阶段
◎现状调查和分析阶段
◎方案设计阶段
◎施工图编制阶段

在实践中，设计过程并不是严格遵循以上步骤。在不同项目中，有些步骤可能会省略，而有些步骤需要反复进行；并且，上述各个阶段间也并非泾渭分明，没有显著的阶段区别。本书之所以如此划分，在于作者着眼于各个设计阶段中典型的图示语言。通过这些图示语言与文字来记录、表达和交流设计思维及相关信息。所以，从简单、粗略的草图到复杂的施工图细节都属于设计绘图范畴。

◎项目准备阶段

内容和目标

本阶段是指现场调研和资料收集阶段。资料来源包括业主、开发商、管理者和使用者。在这一阶段，要明确项目的社会、政治、财务背景和自身特点，重点要放在项目现状，各方态度和需求，以及项目限制条件和发展潜力上。

图示特征和表达方式

本阶段的工作通常以笔记、调查问卷、经费预算和相关书面材料的方式来完成，几乎不需要图纸。

◎现状调查和分析阶段

内容和目标

在这个阶段，景观设计专业人士收集、记录场地的物质环境特征，比如场地边界线和建筑尺寸、植被、地形、土壤、气候、排水、景观以及其他相关因素。这种客观地记录场地数据的工作方式称为现状调查，对这些数据加入了主观评价的解读方式称为场地分析。场地现状调查和分析结果构成了后续设计工作的基本指导原则。

图示特征和工作方式

现状调查图和场地分析图可以分开表达，也可以合并到一张图纸上。不管哪种表达方式，都要能清晰、准确、全面地反映出场地的现状条件、设计的限制性因素和发展潜力。

一些小场地，调查分析图可以直接用铅笔、毡头笔或马克笔在牛皮纸或绘图纸上完成，并辅以大量的注释说明。卷尺、地形测量设备和照相机是场地调查的基本工具。大一些的场地可能需要通过手工或计算机绘制出一系列的调查分析图，还可能需要应用视频、计算机和卫星影像技术。复杂的场地分析最好运用计算机来分层、分类处理。

面积较小的景观设计项目，调查分析图纸资料只供设计者自己使用，所以用来说明场地情况的注释、箭头、抽象符号等可以比较概略或可以按设计者的个人习惯来表达。对于大的项目而言，则需用计算机精确地绘制调查分析图并打印出来，以供设计团队讨论分析和甲方审核。

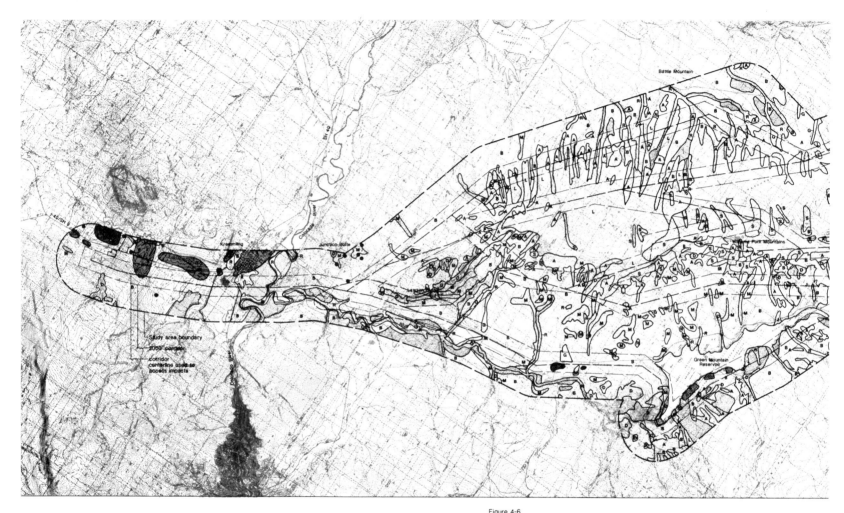

蓝河地区供电线路规划

场地分析

Figure 4-6

植被分布现状图

Shrub Types
- [B] Big Sagebrush
- [M] Mountain Shrub

Forest Types
- [A] Aspen
- [S] Spruce/Fir
- [D] Douglas-fir/Forest
- [J] Douglas-fir/Juniper
- [L] Lodgepole Pine

Other
- [R] Riparian/Wetland (forest, shrub & herbaceous)
- Urban
- Disturbed
- ● Threatend or Endangered Plant Species (under consid- eration for federal listing)
- ⊚ Plant Association of State Interest
- Plant Species of State Interest

Herbaceous Types
- [G] Grassland (meadow)
- Agriculture

Sources
- Aerial Photography
  - SE of Lawson Ridge: USFS color photography, 1"-550', Sept.'81.
  - NW of Lawson Ridge, Tri-State color photography, 1:20,000, about 1979
- Field Observations
- Colorado Natural Heritage Inventory
- Bureau of Land Management

场地分析图

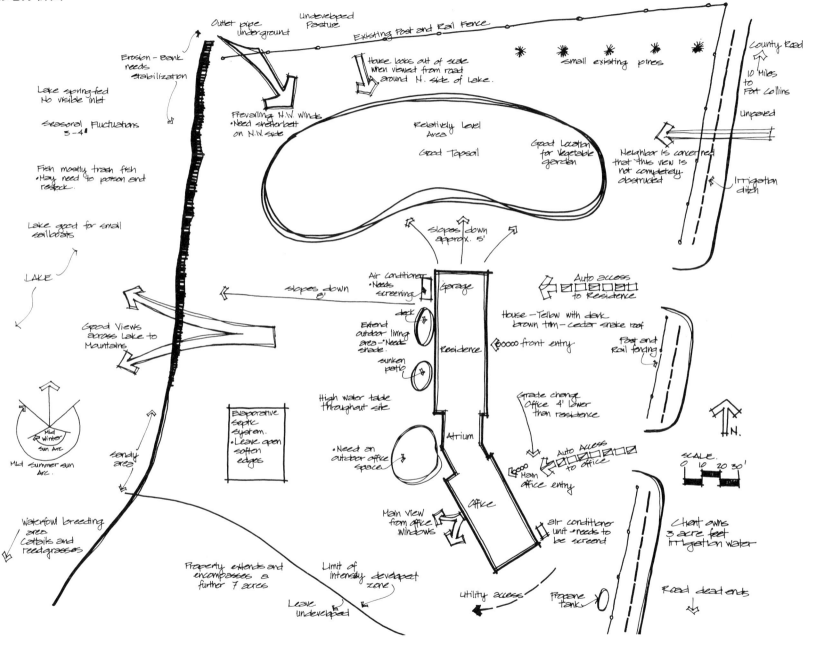

◎方案设计阶段

本书用大量笔墨介绍了方案设计所用的图示语言。为了便于设计工作开展，可将方案设计阶段分为两个主要步骤：概念设计和初步设计。虽然有时候这两个步骤会无缝衔接，但每一步都有自己的设计目标和不同的图形表达方式。

概念设计

内容和目标

概念设计是空间设计的起点。本阶段的图纸成果可以称为功能图、概念图或示意图，主要目标是探索场地各功能间的关系。

图型特征和表达方式

对于小型项目，概念设计通常是快速完成的，仅供设计者自用的抽象草图。大型或相对复杂的景观项目，因为需要同其他设计师交流，听取客户的反馈意见，因此概念图要清晰美观。初期的概念图是直接、开放、粗糙的手绘图，好似创意草图和随手勾画的杂乱符号。概念图是松散的、模糊的，最好能体现出决策制订、思维发展和矛盾解决的过程。在这个过程中，太具象、整洁的绘图方式会扼杀设计灵感，进而失去设计的多种可能性。这个阶段可以运用各类图示，比如简单平面图示、快速剖面图、透视图，甚至卡通画都可以，参见第四章"概念图"部分。

对于预算较低的项目，可以用软铅笔或毡尖笔在描图纸上作图。如果预算充足，用彩色马克笔和马克纸可以获得更生动的表现效果。不管哪种情况，绘制线条都应是尝试性的而不是明确的、肯定的，这样才有利于创造性思维的发挥。

概念设计

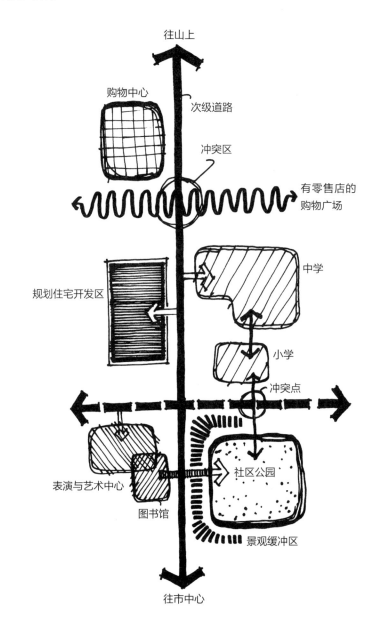

概念规划

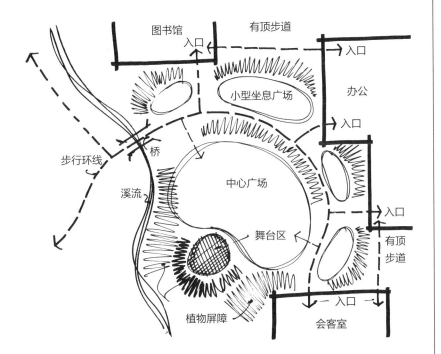

图书馆　有顶步道

入口

小型坐息广场

办公

入口

步行环线

桥

溪流

中心广场

入口

有顶步道

舞台区

植物屏障

入口

会客室

平面布局

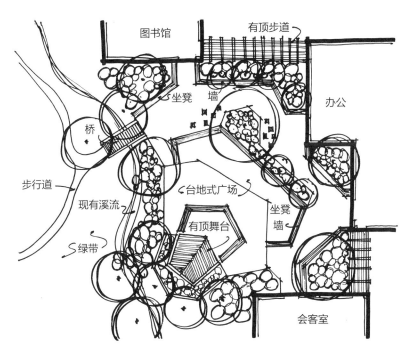

图书馆　有顶步道

坐凳　墙

办公

桥

步行道

现有溪流

台地式广场

坐凳墙

绿带

有顶舞台

会客室

初步设计

内容和目标

　　本阶段将概念设计成果与社会、环境、经济、审美标准等因素整合到一起，图纸将包括空间组织、材料、色彩构成、潜在使用者等更多的内容。此阶段，设计师必须将设计构想与客户清楚地进行交流，获得反馈和建议，以便能更好地细化后续设计。这个阶段典型的图纸有以下几种类型：

示意图

剖面图

透视图

方案平面图

总平面图

建议开发平面图

　　关于以上图纸的更多内容参见第五章至第八章。

图示特征和表达方式

　　为了便于客户和使用者了解设计意图，图纸成果要真实生动、有说服力，所以彩色图纸——平面图、剖面图、透视图是最适合的表达方式。用这些图纸在有限的幅面内直观地传达信息，示意图图纸要结实且有一定厚度，比如使用马克纸、厚打印纸或展板。为了达到良好的表达效果，一般将手绘、尺规制图、计算机绘图和数码照片结合起来使用。

总平面图

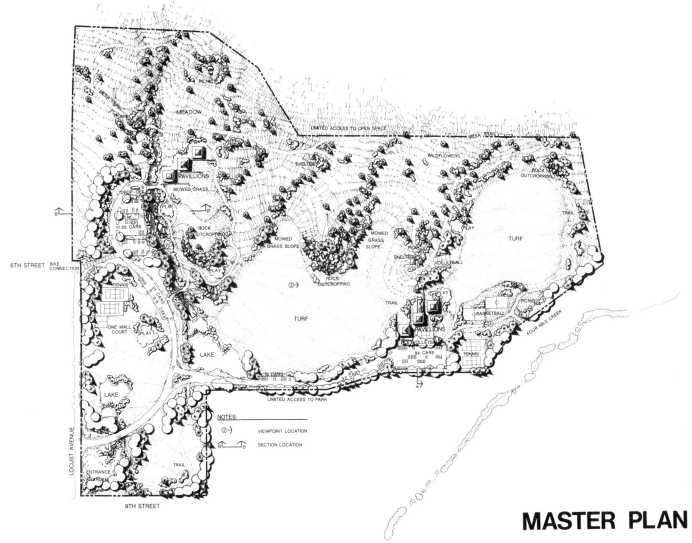

NOTES:

② → VIEWPOINT LOCATION

B ← → B SECTION LOCATION

MASTER PLAN

NORTH BOULDER COMMUNITY PARK

CITY OF BOULDER PARKS AND RECREATION DEPARTMENT
BOULDER, COLORADO

WINSTON ASSOCIATES
1428 PEARL STREET MALL
BOULDER COLORADO 80302
(303) 440 9200

SCALE 1" 100'-00"
DATE JULY 10, 1986

CITY of BOULDER

◎施工图编制阶段

内容和目标

　　方案定稿后就进入施工图编制阶段。施工图编制过程中不能对定稿的方案进行修改。施工图的目的是向建设方传递设计意图，使设计方案得以实现。施工图是按规范编制的一套图纸，用来说明所有建设要素的精确大小、形状、数量、类型和位置。建造商最初使用这些图件进行估算和投标，然后作为施工指南。一套典型的景观施工图包括基地平面图、竖向设计图、总平面图、给排水设计图、种植设计图和相关的详细表格。

图示特征和表达方式

　　用于施工的工程图纸必须精确、完整，且易于看懂。为了保证图纸的精确性和清晰度，必须用计算机辅助绘图或尺规制图。因为常需要多个副本，所以为了便于转绘，计算机制图要打印在硫酸纸上，徒手绘制的图纸要画在羊皮纸或薄膜纸上。

竖向设计图

　　用来表示现有和设计的等高线、点标高、排水和填挖方等内容。

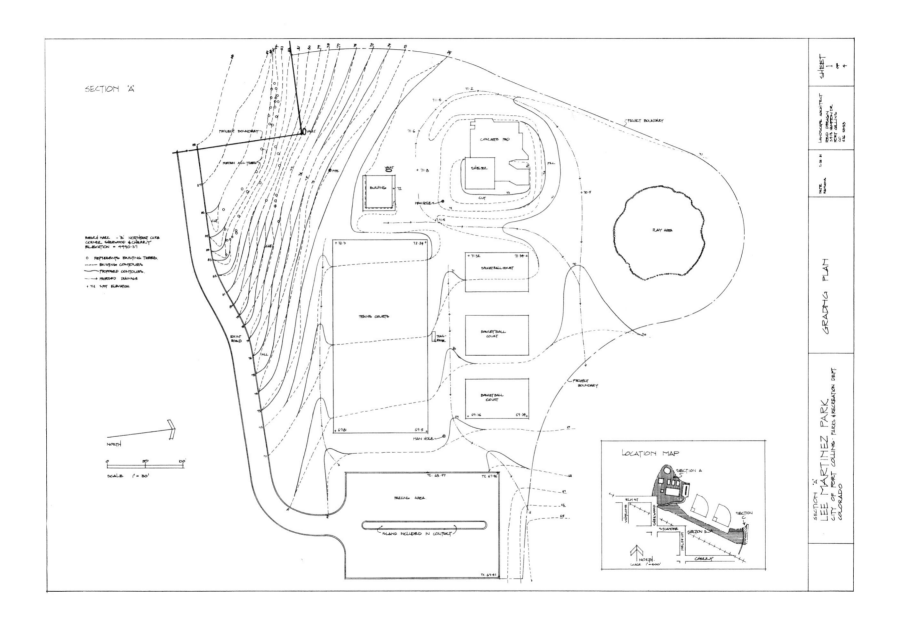

施工总平面图

用来表示景观构成要素的位置、大小、
形状和材料类型。

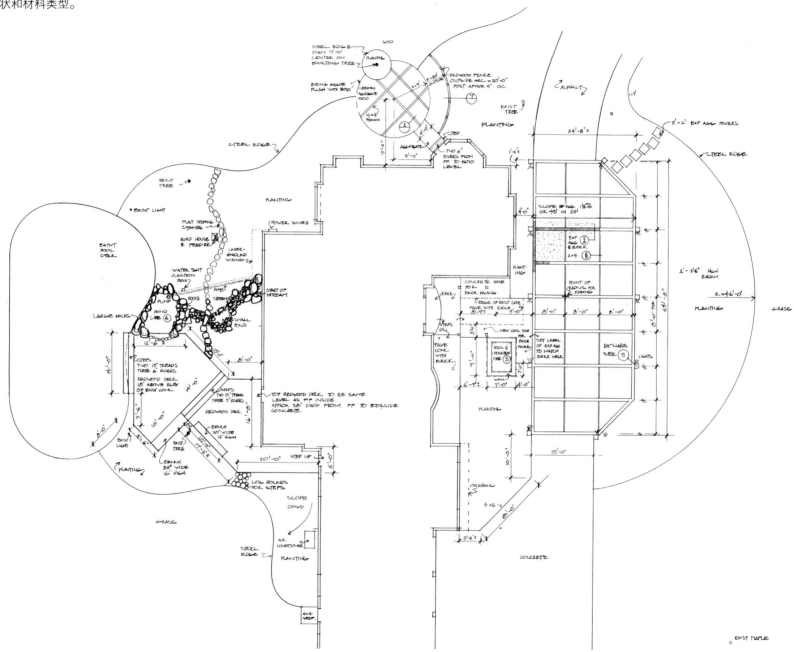

种植设计图

用来表示每一种植物的位置、常用名、学名、规格和数量等。

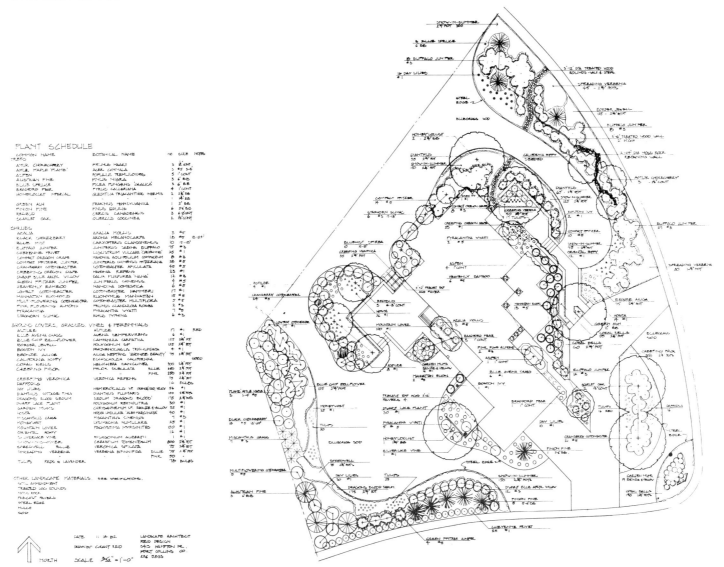

施工详图

　　指局部放大图和建筑要素的详细设计，也包括内部结构和材料类型、质量标准、连接件和成品样式说明。

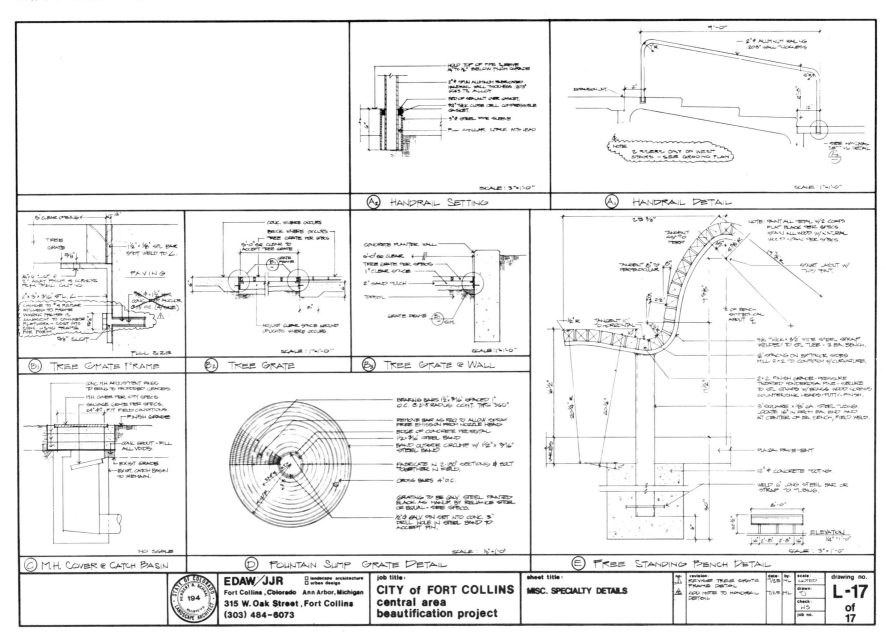

第二章

手绘基础

施工图编制过程中，不管是手工绘图还是电脑绘图都要求精确清晰。然而，本章将要介绍给大家的是可以应用于其他设计阶段的手绘技能。这里先简要概述一下手绘的工具和技术，将为本书后面学习工程字、剖面图、透视图和其他图示表达做准备。

如今，借助广泛应用的各类计算机辅助设计软件，设计人员更容易完成精确制图。尽管对从业人员手绘技能的要求正在降低，但手绘在景观设计的许多阶段依然发挥着重要作用。在一些小的设计公司，独特的、非重复性的、需要精细设计的项目占业务的绝大多数，这种情况下，手绘依然是图纸表达的一个重要组成部分。还有许多公司将计算机绘图和手工绘图结合起来，既发挥了计算机绘图的快速性和准确性，也保留了徒手绘图自由随意的表现风格。

◎ 铅笔草图

　　铅笔是设计师和手绘爱好者最为喜欢的绘图工具，因为使用铅笔绘图很容易控制线宽和线条的浓淡，同时易于擦除和修改。与钢笔相比，铅笔绘图的主要缺点是持久性不强、易模糊、易弄脏图纸。

设备和材料

自动铅笔和持铅器

　　自动铅笔是画铅笔草图的主要工具，有不同的品牌可供选择。

铅芯

　　铅芯有不同的硬度，最常用的有以下几种：

HB 软	适用于画较宽、暗的填充线或材质线，涂抹容易且易于擦除
H 中等	适用于所有线条，画在羊皮纸上效果最好，不易模糊
2H 中到硬	适用于平面图线条和精细作图。难于擦除，但不会轻易弄脏图纸
4H 硬	适用于参考线和轻描的平面图线条。笔尖较尖，使用时要控制力度，线条看上去很淡，不清楚

　　从 B 到 7B，铅笔硬度越来越软，软铅笔更适合素描而不适合手绘。铅笔硬度最硬可到 9H，但实际手绘中很少使用。

　　蓝色铅笔可以用来绘制参考线，复印时不会显示出来。

铅笔刀

　　用来削铅笔，使用后要记得清空铅笔屑盒。

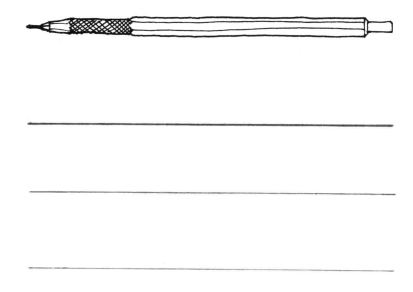

丁字尺和平行尺

丁字尺用于绘制平行线，还可与其他工具配合使用，比如和三角板一起来画垂直线。推荐丁字尺长度是 60cm。

对于较大的图纸可以使用平行尺，它在图纸表面滚动可画出精确的平行线。推荐长度为 92cm、107cm 和 122cm。

滑轮一字尺有可以调节的直边，价格昂贵。

三角板

将三角板和平行尺配合，可以画出各个方向的垂直线。用可调节角度的三角板可以快速绘制任意角度。如果三角板是塑料材质的，为了避免损坏尺子，不要沿着尺子边缘切割物体或用马克笔画线。

圆规

一个质量好的圆规在画大圆时尤其重要，质量差的圆规不精确也不好用。长臂圆规可以画更大的圆。

模板

景观设计师最常用的是简单圆形模板，可以画大小不同的圆。除圆形外，还有许多其他形状的模板可以选用。

垫板

用于避免绘图时墨水洇渗，偶尔会用到。

橡皮

每个人绘图时都可能需要改动，可揉搓橡皮适合刚开始的擦除，不会弄脏纸面。然后再用更软的橡皮把剩余的笔迹擦除。

擦图片

修改图线时，为防止误擦可用擦图片遮挡住要保留的线条。尤其在使用电动橡皮时，应用擦图片更为必要。

绘图刷

有各种尺寸，用来清理图纸上的橡皮屑等。

曲线板

有多种品牌可供选择，用来画非圆曲线，可配合铅笔或钢笔绘图。

比例尺

美国的建筑师和工程师比其他地方的同行更常使用比例尺。大多数国家的景观设计师使用各种类型的米制比例尺。不建议用比例尺画直线。

砂纸

用砂纸打磨铅笔芯，磨尖或是磨成楔形等。砂纸不用时可放到信封中保存。

绘图胶带

绘图胶带将图纸固定在图板上，好的胶带应该是粘得牢，又易于从纸上取下。

绘图纸

羊皮纸最适合画铅笔草图，常用的品牌有 Clearprint 1000-H 和 K & E Albanene，规格为 16~20 磅，纯棉浆纸，此类纸不适合上墨线。

绘图板

推荐选择有乙烯涂层覆盖的绘图板，比较耐用，不易出孔洞。在板的上边和下边可以黏上双面胶带。图板应避免日光直射和靠近高温物体，以防变形。

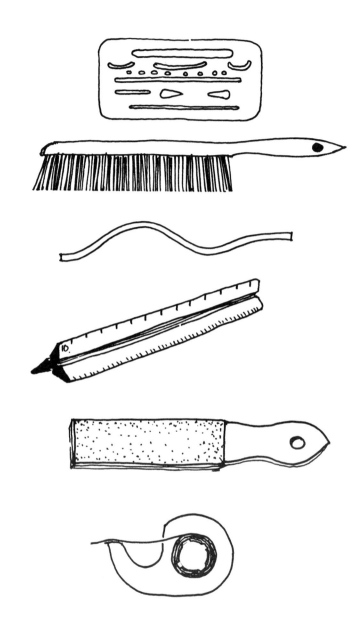

绘图技巧

铅笔主要用来画施工图或底图，此类图的精度和准确性最为重要。与钢笔相比，铅笔画图速度快，省去了等待墨水晾干的时间且容易擦除修改。钢笔画图的优点参见"钢笔绘图"部分。

线条质量

铅笔画有三个重要的线条特征：（1）线条的轻重和浓淡；（2）线条宽度；（3）线条的连续性。理想的线条是浓重的、有清晰边界的等宽线条。

线条的轻重变化依赖于铅芯和纸的使用方式的不同和运笔力度，比如：在粗糙的纸上画图需要硬度大的铅芯。

将羊皮纸的上边与丁字尺或平行尺的上边对齐，并将纸张固定在图板上。略微喷点儿干洁粉。

选择一只硬度合适的铅笔并削尖。

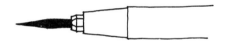

将笔尖在废纸上轻轻敲击，把最尖部折断。

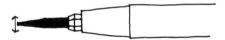

接着，将笔尖的断面在纸上反复摩擦，直到足够尖又不会划破纸张为止。

用适当的力度握紧铅笔，以边画直线边能慢慢旋转铅笔为宜。

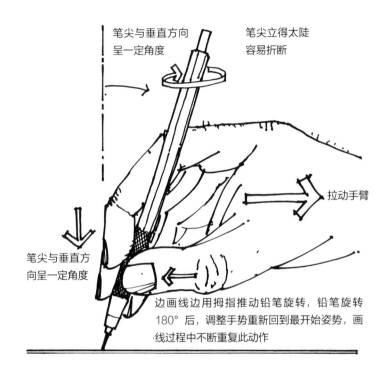

笔尖与垂直方向呈一定角度

笔尖立得太陡容易折断

拉动手臂

笔尖与垂直方向呈一定角度

边画线边用拇指推动铅笔旋转，铅笔旋转180°后，调整手势重新回到最开始姿势，画线过程中不断重复此动作

直尺的使用

使用尺规作图时，画水平线要确保丁字尺的头部靠紧图板工作边。画垂直线时，三角板的一条直角边要靠紧丁字尺的上边。

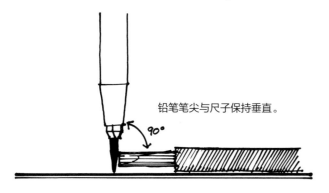

铅笔笔尖与尺子保持垂直。

画下一条线时，轻轻移动三角板或将三角板轻轻抬起来以免将刚画好的线弄模糊。如果用的是毡头笔，一定要确认直尺用清洁剂或酒精擦干净。

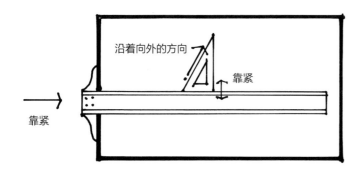

沿着向外的方向

靠紧

靠紧

滑轮一字尺的使用方式和三角板基本相同，只是由于其使用线固定以保持平行位置，因此无法从板面上拿走。可以调节弹簧以改变线的松紧程度。

圆弧和圆

使用圆规时，要用砂纸把铅芯磨成比较陡的尖，先在没用的纸上试画一下，如果尖度合适，就再用均匀的力度在图纸上画出圆。

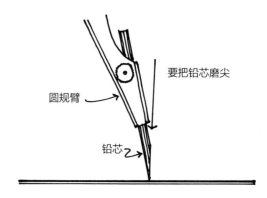

要把铅芯磨尖

圆规臂

铅芯

交线连接

确保所有的交线都有正确的连接方式。

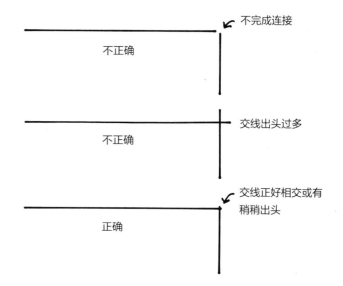

不完成连接

不正确

交线出头过多

不正确

交线正好相交或有稍稍出头

正确

铅笔绘图顺序

步骤一：轻轻喷点儿干洁粉。

步骤二：用比较尖的 2H 或 4H 铅笔轻轻地勾画出轮廓线（如果是描绘草稿这一步可以省略）。

步骤三：画弧线。

步骤四：用 H 或 2H 铅笔按照从上到下、从左到右的顺序画出主要线条。

步骤五：用再细一点儿的线画出尺寸标注线。

步骤六：加上文字说明。

步骤七：最后避开文字和标注，用 HB 或 H 铅笔画上材质线和阴影，小心不要弄污图纸。

步骤八：成图后，检查下图纸背面，去掉可能从图板上或是底面上粘上的铅笔印。

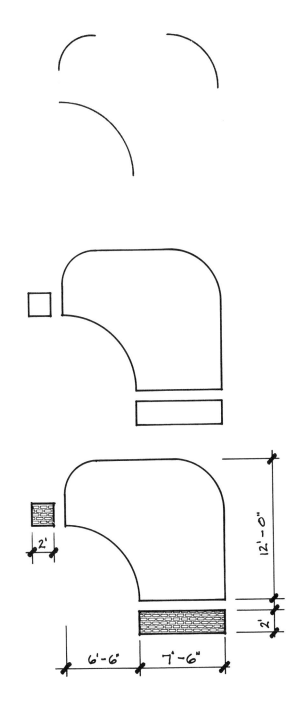

◎钢笔绘图

钢笔绘图一般绘在硫酸纸上。与绘在羊皮纸的铅笔图相比，钢笔图的优点是：有精确稳定的线宽；线条清晰；描图更容易。因为硫酸纸有不易损坏、不易起皱、受潮后不易变形等优点，所以一些设计公司和制图机构都喜欢这种绘图纸。

硫酸纸

硫酸纸厚度为 0.3~0.4mm。在美国，硫酸纸最常见，纸的一面或两面比较粗糙，或是磨砂面，绘图时要选择哑光面而不是光滑面。

针管笔

有很多品牌的针管笔有储墨器，大多数的针管笔都很昂贵，使用时要注意保持清洁，高端品牌的针管笔有可一直使用的笔尖。经济实用的方法是买一套一次性免洗针管笔，同时要确保选择的是防水的颜色，而且要选择一种浓黑墨水。例如，德国产的施德楼和日本产的吴竹绘图笔系列有多个型号，可画等宽线条，它们都配有易于从硫酸纸上擦除的浓黑墨水。墨水干燥需要时间，要小心渗洇。画每一张图时都要用到 0.1、0.3、0.5、0.7 四个等级的针管笔。奥地利产的阿尔文 "Penstix" 系列，墨水颜色不是很深，笔尖锥形，虽然绘图时线宽不一，但这些笔适合用来写字。

还有一些一次性钢笔，比如施德楼 "Lumocolor 318 F" 笔、桑福德 "液体记号笔" 和樱花 "Pigma Brush" 钢笔更适合手绘，不适合尺规制图。

其他工具

刚画完的钢笔线可用普通橡皮擦除或用有特殊清除液的钢笔橡皮擦除。加一点点水可以帮助更快清除墨迹。外用酒精可以清除陈旧钢笔线。

为了防止墨水沿尺子边缘扩散弄污图纸，所以上墨用三角板和模板的工作边宜有凹槽或是呈斜坡状。有些模板的一侧有凸起，从而使模板与图纸之间保持一定距离。除此之外，其他的钢笔绘图工具与之前介绍的铅笔绘图工具基本相同。

绘图技巧

与铅笔绘图不同，钢笔绘图时笔尖与纸面呈 90° 角，也就是垂直于纸面。笔尖轻触纸面，缓慢平稳地在纸面移动。手指尽量不要接触图纸，图纸上一旦蹭上了手上的油脂就会无法着墨。在绘图之前，最好用蘸着外用酒精的软布清洁一下图纸表面，去除灰尘和手上的油脂。

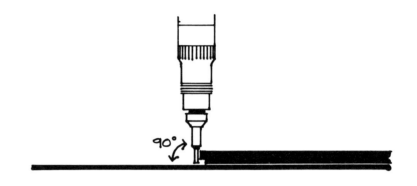

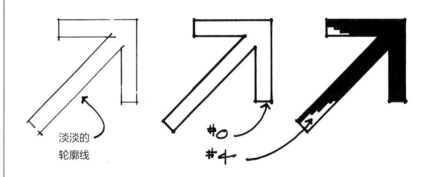

淡淡的轮廓线

#0

#4

图题栏

方案图和施工图应该有一个组织合理的图题栏，通常放在图纸的下边缘或右侧，包括以下几个基本元素：

元素	示例
项目名称	岸松镇家园
图纸标题	种植设计图
项目地址	艾尼市 618 大街
图纸编号	图 2/6
开发商或设计公司	国王发展公司
（有地址和标识）	戈登联营公司
审核标识	审核人、审核日期
修订日期	修订内容
比例尺	
指北针	

用 CAD 绘图时，先将准备好的公司标准图题栏存放在电脑中，再根据具体的项目对标准图题栏加以修改，这是一种最高效的工作方式。一些景观设计公司预先在羊皮图纸或硫酸纸上印上公司的不变信息，并为项目具体信息留出书写空间。

Conceptual Site Plan
Wind Creek Bay (south)
Map 10

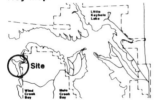

指北针和比例尺

指北针

指北针是每张景观规划图纸的必备要素，一般由一个箭头符号表示，它在平面规划图中传递重要的基本信息。当讨论基地的不同部分时，指北针是重要的方向参照。在电话交流过程中，由于不能当面指出图纸上某一位置，此时，指北针的作用显而易见。更为重要的是，指北针是理解基地朝向、风向、坡度、视线方向和与方向有关问题的关键要素。剖面图和透视图没有指北针。

绘制指北针的原则：

a. 简单、不突兀，但是易于发现；

b. 有一个突出的主轴和明确的方向指向；

c. 尽量指向图纸上方，或与水平线呈一定角度；

d. 永远不能指向图纸正下方。

指北针和比例尺一般紧邻布置，放在图纸的底部或两侧。如果有图题栏，一般会包括指北针。有时指北针会与图形比例尺合并到一起。

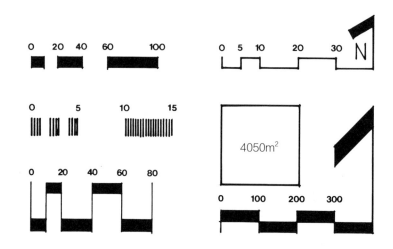

图形比例尺

图形比例尺可以作为数字比例尺的补充。在图形放大或缩小时，图形比例尺能与图形始终保持真实的对应关系，因此非常有用。

指北针示例

比例尺

每张平面图和剖面图都必须包含比例尺，说明了图示和真实景观间的尺寸关系。比例尺可以是文字、图示，或二者结合起来，可以表达成等式或比率，代表图上距离和相对应的实际距离的比。之所以用比例尺来测量图纸，是因为比例尺是一种不需要进行数学计算就能快速地将图上距离与对应的真实距离进行转换的工具。在 P28 中有一个图表，比较了三种常用的比例尺：建筑师用比例尺、景观工程师用比例尺和公制比例尺。

建筑师用比例尺总是在等号左侧用 1in 的一部分来表示 1ft。因此，1/4" = 1'–0"标示图纸上 1/4in 代表实际场地中的 1ft。建筑师用的比例尺是按 ft 来度量距离，例如任何比例尺上 12 个单位都表示实际场地中的 12ft。

景观工程师用比例尺，则是按在等号左侧的 1in 和右侧的数十英尺来表示，如 1" = 20'表示图纸上一个绘图单位代表真实场地上 20ft。景观工程师用的比例尺，在度量平面图上的元素时，是按照整 10ft 的距离所对应的图纸单位来计量的，例如某比例尺中，8 个单位表示实际场地中 80ft。

注意不要弄混这些比例尺，诸如 1" = 4'–0"，1" = 5'–0"，1" = 6'–0"，1/4" = 10'，1¹/₂" = 10'，1/2" = 20'的表示是不正确的。这种行业内不存在的表示方式只会引起误读。

公制比例尺可写成比率形式，写成一比几十。因此，1：50 意味着图上 1m 等于真实空间中的 50m。换句话说，图上的 1/50m 等于真实空间中的 1m。公制比例尺一般用来测量图上用 m 表示的元素，比如图上距离是比例尺上的 0~3 刻度的距离，那么意味着真实空间中 3m 的距离。

比例尺	英制	公制	园林中的应用

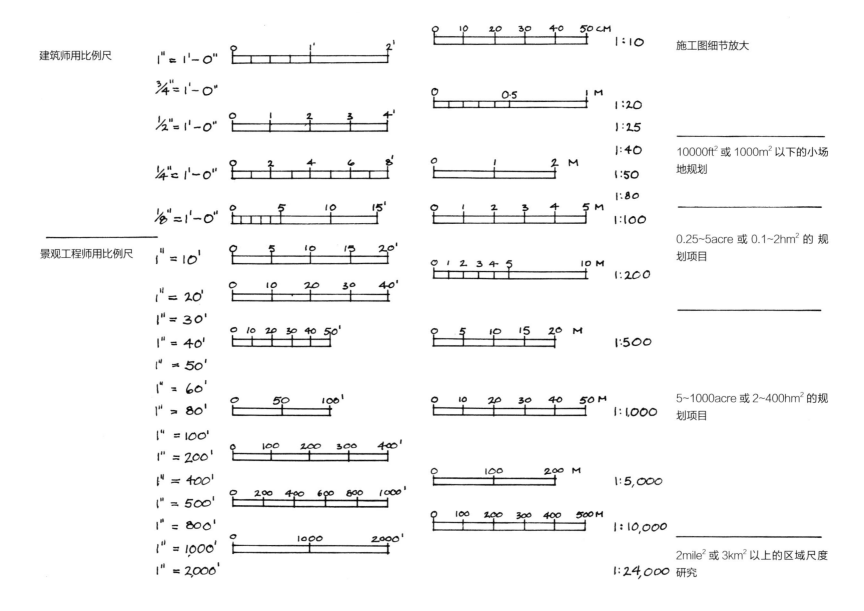

建筑师用比例尺

1" = 1'-0"

¾" = 1'-0"

½" = 1'-0"

¼" = 1'-0"

⅛" = 1'-0"

景观工程师用比例尺

1" = 10'

1" = 20'

1" = 30'

1" = 40'

1" = 50'

1" = 60'

1" = 80'

1" = 100'

1" = 200'

1" = 400'

1" = 500'

1" = 800'

1" = 1,000'

1" = 2,000'

1:10 施工图细节放大

1:20

1:25

1:40 10000ft² 或 1000m² 以下的小场地规划

1:50

1:80

1:100

0.25~5acre 或 0.1~2hm² 的规划项目

1:200

1:500

5~1000acre 或 2~400hm² 的规划项目

1:1,000

1:5,000

1:10,000

2mile² 或 3km² 以上的区域尺度研究

1:24,000

用比例尺量测

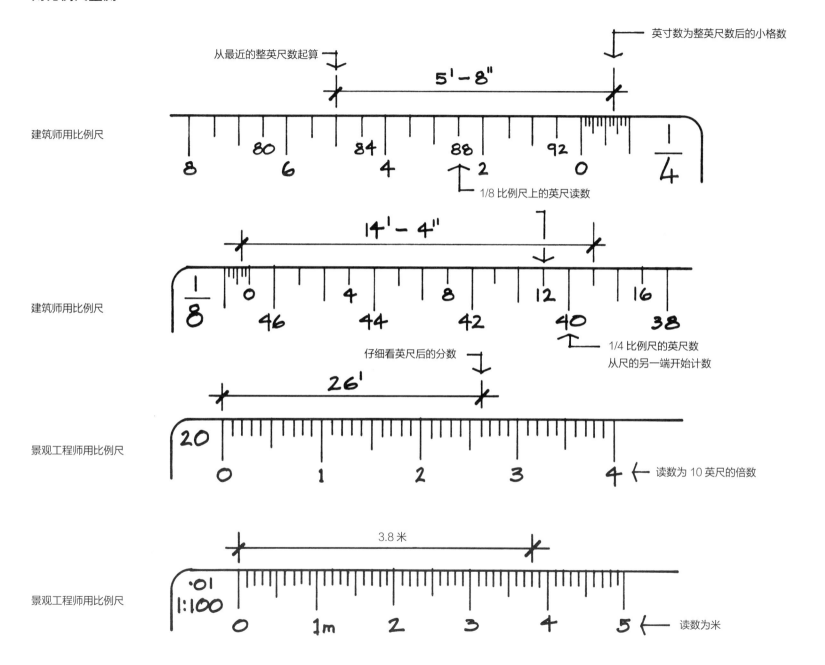

建筑师用比例尺

从最近的整英尺数起算
英寸数为整英尺数后的小格数
5'-8"
80 84 88 92
8 6 4 2 0
1/4
1/8 比例尺上的英尺读数

建筑师用比例尺

14'-4"
1/8
0 4 8 12 16
46 44 42 40 38
1/4 比例尺的英尺数
从尺的另一端开始计数

景观工程师用比例尺

仔细看英尺后的分数
26'
20
0 1 2 3 4
读数为 10 英尺的倍数

景观工程师用比例尺

3.8 米
·01
1:100
0 1m 2 3 4 5
读数为米

◎练习题

练习 2.1~2.4 旨在帮助读者练习自动铅笔和绘图工具的使用。把图纸边缘与丁字尺上缘对齐，为了避免弄脏图纸要用干洁粉轻喷下纸面。每次练习完成后，根据以下几项要求检查一下练习质量。

a. 墨色。

所有的线条墨色浓黑、清晰，不能有淡色和灰色线条。

b. 线宽一致。

每根纸条应该有均匀的线宽，不能忽宽忽窄、边缘不清。

c. 精确性。

线条接头处应正好相交或有轻微交叉，线条位置精确，收笔明显。

d. 图面整洁。

全部图纸保持干净，没有污点和破损。

e. 本条附加标准仅适用于 2.4 小节。线条层次：必须能通过线宽和样式来区分不同类型线。色调质量：必须通过色调填充和纹理来传达清晰信息，避免不必要的杂乱色调。

2.1 测试铅笔

工具：210mm x 297mm（A4）羊皮纸横幅放置，各种硬度铅笔。用 HB、H、2H 铅笔各画 5 根一组的水平线，每条线段长约 13cm、间距 0.5cm，所有直线应用力均匀、色彩浓黑。按下图的方式每组线段间距 2cm。用 4H 铅笔再按上面的方法画第四组线条，这组线条的颜色应该很淡，以至于很难看清它们。用 H 铅笔在纸上剩余部分画 4 个大小不等的圆，图上最下面的大圆用圆规来画，上面 3 个小圆用圆板来画，如下图所示。

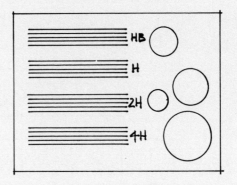

2.2 三角板使用

工具：210mm x 297mm（A4）羊皮纸横幅放置，用 4H 铅笔打草稿，H 铅笔画终稿。用比例尺和 45° 三角板配合画两个边长 6cm 的正方形。把左侧的正方形上边和一条侧边 6 等分（每小段 1cm）。过侧边的平分点从底边向上画 3 条平行线，再通过剩余的平分点画 45° 线，如下图所示。

在右边的正方形中，画出两条对角线。再按下图所示，在正方形内部再画出 5 个小正方形。

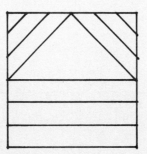 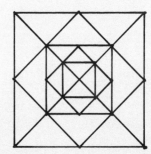

2.3 几何图形

所需工具与 2.2 相同。

按下面的说明在图纸的左边画一个六边形。首先画出辅助线 AB、CD，以交点为圆心画一个半径为 3cm 的淡淡的圆，用 30°、60° 三角板和 4H 铅笔按下图所示画出 6 条圆的切线，最后用 H 铅笔加重描出六边形。

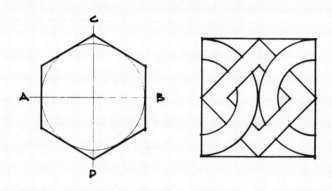

在图纸右边画一个 6cm 的正方形，通过中心点画一条水平线和垂直线作为辅助线，如上图所示，通过这些中心点画间隔 1cm 的 45° 对角线，再在两条侧边上，画以边的中点为圆心，3cm 和 2cm 为半径的两个同心半圆。最后，用 H 铅笔重描相互缠绕的对角线和半圆。

2.4 工具的综合运用

工具：用铅笔在 210mm×297mm（A4）纸上作图。

运用铅笔绘图技巧，将如下的平面图抄绘到 A4 图纸上，对形状和大小进行估测，不要用尺子量取。用 T 字尺和三角板画直线，用圆板画树木和道路倒角，用曲线板画自由曲线，用虚线绘制等高线，徒手画出灌木和针叶树。

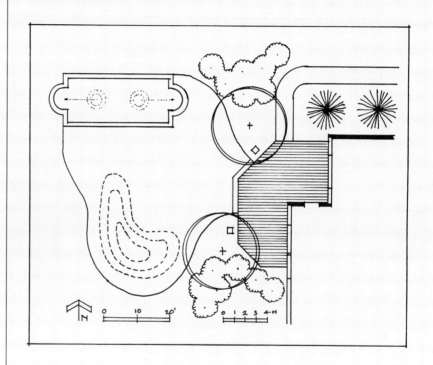

2.5 钢笔试绘

工具：钢笔和210mmx 297mm（A4）硫酸纸。这是本书中少数几个描绘练习之一。将硫酸纸覆盖在第六章的剖面图上，用不同线宽的钢笔尝试描绘，有些直线需要用工具绘制，有的线条需要徒手绘制。

2.6 比例尺认读

工具：用针管笔（0.5mm）在横版的210mmx 297mm（A4）硫酸纸上绘图。画4条与图纸等宽间隔5cm的水平线，在图纸左侧画一条贯穿4条水平线的垂线，作为下面每一次量取的起始线。根据比例尺上所示的刻度，从起始线开始量取以下距离，并用小的垂直线在每条水平线上表示出来。

3'－4"	(1.2 m)
6'－9"	(2.4 m)
10'－6"	(3.6 m)
18'－6"	(5.8 m)
25'	(8 m)
39'	(12 m)
53'	(16 m)
76'	(24 m)

直线1：用1/4in=1ft 比例尺或是1：50（以上只有6个距离适用这个比例尺）。

直线2：用1/8in=1ft 比例尺或是1：100。

直线3：用1in=10ft 比例尺或是1：200。

直线4：用1in=30ft 比例尺或是1：400。

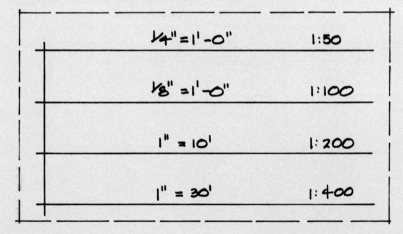

2.7 指北针和图示比例尺

工具：钢笔在210mmx 297mm（A4）硫酸纸上绘图。

抄绘一页本章中的指北针和图形比例尺，不要描绘。

第三章
文字

　　文字是图纸的重要组成部分。如果图纸中没有注记、标签、尺寸标注和图题，而只有几何形状、线条和颜色，那么看图人就很难理解图纸要传递的信息。文字作为整体构图的一部分，必须要仔细考虑其组成、大小和位置安放等问题。好的文字表达可以增强图纸的可读性和美观度；反之，即使图画得再好而文字较差，也会降低图纸的可读性和整体水准。

◎ 字库的准备

　　迄今为止，计算机是最有效的文字输入系统。用 CAD 软件，可以很容易地快速选择字体、字号和位置，在计算机屏幕上直接将文字整合到图形产品中。

　　即使不使用 CAD 软件，也可以先用计算机编辑好文字后再打印到背面有胶的纸上，再把文字剪下来贴到图纸上。为了保证好的拼贴效果，一定要选择好的粘胶。

　　对于较大的文字，先用计算机打印出来再描绘到图纸上不失为一种快速高效的方法。首先，在计算机上按要求的字号和字体准备好需要的文字，再把打印出来的文字轮廓线描绘到图纸上。

◎马克笔书写

粗头马克笔具有快速画图表、徒手绘图和书写文字等多种功能，这里向大家介绍一下如何正确使用马克笔。因为油性马克笔的渗透性很强，所以绘图之前，需要在图纸下面（图板上）衬上一张纸，避免永久性地弄脏图板。用完马克笔后要及时盖上笔帽。

马克笔握笔方式

马克笔笔头一定要轻轻接触纸面，即便是中等压力也容易损坏笔尖。粗尖马克笔笔尖是楔形的，画图时要让笔尖的边缘与纸面完全接触。

侧面观察笔头与纸面关系

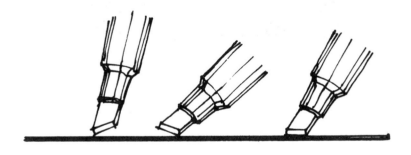

错误
只有笔尖与纸面接触

错误
只有笔根与纸面接触

正确
笔头边缘全部与纸面接触

用粗头马克笔书写图上的大一些的文字，会为你的图纸增添独特的个性风格和亲和的人性色彩，尤其是彩色文字的应用更能增强以上效果。

马克笔绘图俯视

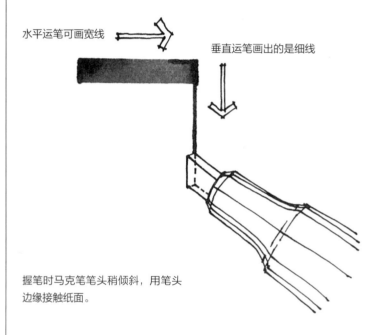

水平运笔可画宽线

垂直运笔画出的是细线

握笔时马克笔笔头稍倾斜，用笔头边缘接触纸面。

◎ 徒手文字书写

用记号笔和毡头笔徒手书写字号较大的图纸标题和副标题，不仅适用于示意图和在马克纸上画的方案图，还适用于其他类图纸。

先画两条间距 4cm 的参考线。

马克笔的握笔姿势如前所述，请对照以下几点检查书写好的文字。

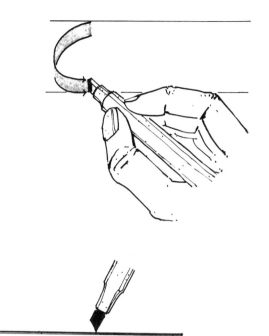

- 笔头全缘接触纸面。
- 笔头始终与纸面保持垂直，不管画垂线、斜线还是圆弧。
- 手指不要转动马克笔，避免笔头或笔根局部接触纸面。
- 身体和胳膊都不要转动。
- 写字时笔触要轻，通过马克笔笔头的边缘来调整线宽。
- 字体不要超出水平辅助线。
- 竖线始终要垂直，必要时可借助竖向参考线。
- 写小字时要用马克笔的窄头。

◎ 轮廓线

　　单独的马克笔字迹表现力较弱，可以用加外轮廓线的方式增强表现力。一种方法是在彩色马克笔字迹外直接加轮廓线，另一种是把马克笔字迹衬在方案图纸下面，只在图纸上描出轮廓线。

　　用粗线开始描绘，先描出所有的竖线，再描所有的横线，最后是曲线。线条之间可以交叉，甚至可以部分重叠。

　　在粗线外侧留有一定空白，再用细线描绘一层轮廓。

　　调整图纸和胳膊的位置，在舒适、自信的状态下描绘字体轮廓。

　　可以根据个人风格和兴趣，再在字上加些点或线做装饰。

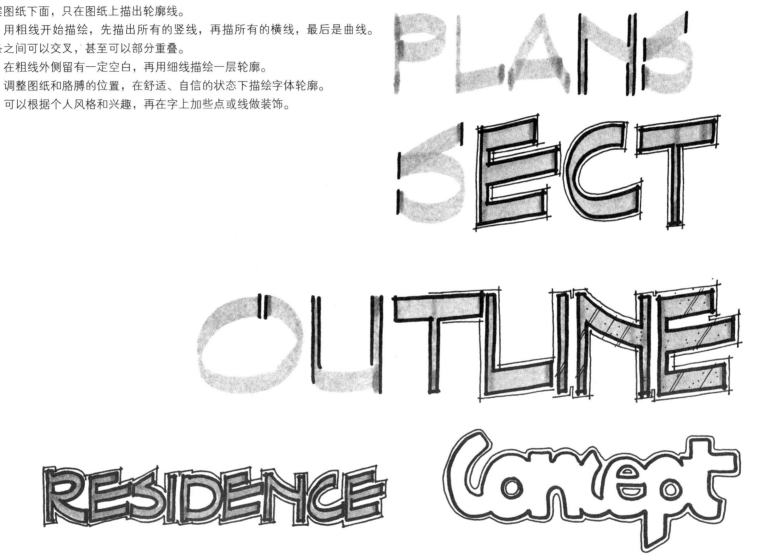

colorado

CAMP
WITTMAN

BOUNCE

TALL
PINE

XERISCAPE

◎铅笔文字书写

字形和间距

大多数文字应是细高的方块字，每两个字间距约一个大写字母 N 的大小。

文字大小

一定要用辅助线来帮助确定文字的大小和统一。这里介绍一种埃姆斯辅助线仪（Ames Lettering Guide），它有一个可旋转圆盘，可以快速地画出任意尺寸的辅助线。

圆盘中心有一排间距均匀的圆孔，这排圆孔的末端有个数字 10。旋转圆盘使得数字 10 与模板上的标记线（index mark）对齐，将削尖的 4H 铅笔插入圆盘上最高处的小孔，略微用力在纸上轻划出沿着丁字尺直边的线条，然后依次在下一个孔中再次来回移动铅笔，直到划出需要的线条。如果你需要画间距更近的线条，可以旋转转盘，调小与标记线对应的数字。

SETTING 10 CENTER ROW
GIVES LINES WITH EQUAL
SPACING AT THIS SIZE

通过圆盘的圆心两侧的孔（在图中括弧内的）可以画出三条线，其中的中线略高于上下两条线的中心。中线有助于更为统一地书写大写字母如 B、E、F、H、P。这个对于书写尺寸较大的字母尤为重要。

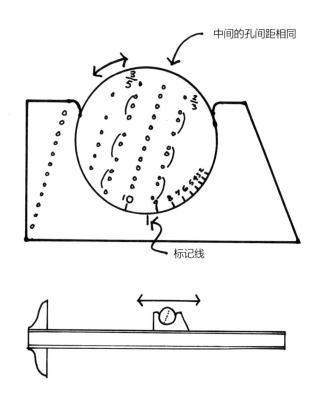

TOO NARROW   TOO WIDE
ABOUT RIGHT

中间的孔间距相同

标记线

(LEFT OF THE CENTER ROW
(IS THE 2/3 ROW WHICH GIVES
(A SLIGHTLY RAISED MIDDLE
(GUIDELINE

MOST LANDSCAPE ARCHITECTS USE A SIMPLE UPPER CASE (CAPITALS) STYLE WITH NO SERIFS AS SHOWN HERE. KEEP LETTERS VERTICAL AND CONSISTENT IN SHAPE. THIS UNIFORM STYLE IS EASY TO READ.

A B C D E F G H I J K L M M H N O P Q R S S T U V W W X Y Z. 1 2 3 4 5 6 7 8 9 0

lower case letters are less formal and are suited for use on concept plans, preliminary sketches and plant lists.

a a b c d e f g g h i j k l m n o p q r s t u v w x y z

HEIGHT	LETTER GUIDE SETTING	EXAMPLE
1/16"	CENTER ROW SETTING 4	TOO SMALL FOR HAND LETTERING
3/32	CENTER ROW SETTING 6	GOOD FOR SMALL LABELS & BLOCKS OF LETTERING. CAN WRITE A LOT IN A SMALL SPACE ALWAYS LEAVE A GAP BETWEEN LINES OF LETTERING
1/8"	CENTER ROW SETTING 8	A VERY COMFORTABLE SIZE FOR MOST LABELLING
3/16"	3/5 ROW SETTING 6	GOOD FOR SUB TITLES. USE A CENTER GUIDE LINE.
1/4"	3/5 ROW SETTING 8	UPPER LIMIT FOR PENCIL LETTERING.

技巧

画完辅助线后，用干燥清洁的软布轻轻掸干净图纸表面，在丁字尺下边缘放一个小的三角板。

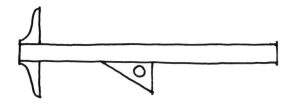

0.5mm 的 H 或 HB 自动铅笔比较合适，写大一点儿的字用普通铅笔更好，但笔尖一定要尖。在硫酸纸上写字要使用硬一些的铅笔（2H）或塑料铅笔。

握笔方式

错误：铅笔立得太直。

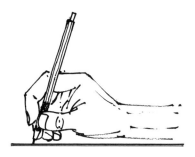

正确：铅笔与纸面呈比较小的角度。

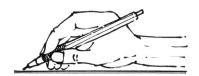

用废纸或砂纸将笔尖磨平。

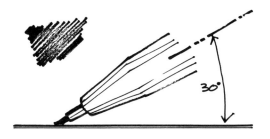

轻轻转动铅笔，让磨平的铅笔笔尖对准竖线方向。

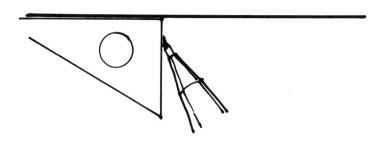

文字中的"竖"要细些，起笔和收笔要用力强调，能看出笔触加重。

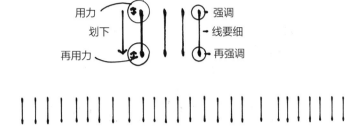

写字时要看着辅助线，让所有竖线都保持统一长度。

文字中的"横"要始终用力写，要写得黑、粗，避免结尾处笔触变轻，"横"是可以微微向上倾斜的。

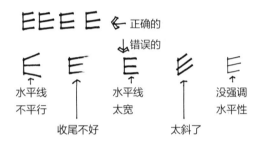

手指保持不动，以手腕和前臂肌肉为支点，手部轻轻平移。

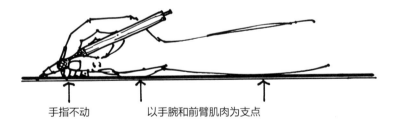

写"横"时手腕轻轻移动。注意："竖"要细，要有黑、重的横向收笔。写字时当笔尖磨损后，可以稍稍转动铅笔，用笔尖的窄面来写"竖"，确保"竖"划足够细。

E F H I L T

画斜线或弧线时手腕或胳膊不要移动，去除垂直辅助线，快速、自信、用力均匀地书写，线宽可能会随着运笔方向改变而变化。

A K M N V W X Y Z
B C D O P Q R R S S

关于写好字的更多建议

写字过程中要小心，避免弄脏图纸，不能与图上其他地方重合，不要影响图面重要信息的表达。

不要一开始就追求速度。在你熟练掌握每个字之前，写单一笔画时要快，但是笔画之间要有停顿。随着熟练程度的增加，写字速度会越来越快。

合理安排文字位置，文字的添加不要影响图上其他信息，尽可能让文字垂直对齐。

根据文字内容的重要性来决定字号大小。

选择与方案表现风格协调一致的字体类型。

文字笔画书写要有力度、有特点，每一笔划要有起笔和收笔。

在任何书写过程中，不管是记笔记、写信封地址还是写信时都要养成好的书写习惯。

◎练习

3.1 计算机处理文字

首先在计算机中输入你的姓名，练习标题用 18 号字。在标题下面用 14 号字写一小段文字（6~7 行），把这些内容打印在一张后面有自动粘胶的纸上。剪下这些字，并粘到一张竖版的 A4 牛皮纸或硫酸纸的上部。再在计算机中输入三行三列同一个词，并用不同的字号和粗细来表达。把这些词打印出来，用钢笔沿着每个词的外轮廓描绘到下面的图纸上，得到蓝色线条的空心字。

3.2 马克笔写字技巧

工具：彩色马克笔、297mm×420mm（A3）的马克纸或厨用包装纸。用铅笔在纸上画出两条间距 3.5cm 的辅助线，文字要完全写在辅助线间。行与行间要有一定间距，这样，在辅助线下间隔 2cm 的地方重复上面操作再画两条辅助线，按这种方法画满整张纸，四边页边距约 5cm。

3.3 马克笔空心字

工具：马克笔和 150mm×450mm 马克纸。

采用上述方法在纸上画两行辅助线。用一个浅色马克笔在上面的辅助线上写上你的名字，在下面的辅助线上写上你的姓氏，尽量都写在线的中心位置。写完后，用两种不同线宽的钢笔，按前文介绍的方法画出名字的双外轮廓线。尝试在文字的底部添加不同的色彩。如果你属于一个设计小组，你可以手持一张自己姓名来张"罪犯风格"的照片。

3.4 铅笔写字技巧

工具：H 铅笔和 210mm×297mm（A4）竖版牛皮纸。

本练习主要训练握笔、削笔方法和线条表现（粗 / 细、收笔）。粘好绘图纸，并且在开始写字前掸掉纸上灰尘。

将前述的辅助线仪调好，设定辅助线间距为 0.5cm，用削尖的 4H 铅笔轻轻划出辅助线。

然后用 H 铅笔书写两行，每行有 Is、Es、Os、As、Bs。研究每个字母的形状，感觉下宽、细的差别。在下一行写大写字母，在另一行写小写字母，然后再写数字。

3.5 不同字号的铅笔笔记

工具：H 铅笔和 210mm×297mm（A4）竖版牛皮纸。

画三个长 14cm、宽 5cm 的带有参考线的方格，各矩形间隔 3cm。

上面方格中的参考线间距 5mm。

中间方格中的参考线间距 3.2mm，下面方格中的参考线为 2.5mm。

从书上抄一个句子到每一个矩形参考线内。最上面的方格用自动铅笔来写最合适，最下面的方格适合用 0.5mm 铅笔，中间的方格用两种铅笔都可以。

铅笔字评价

检查一下你的铅笔字体是否符合以下这些标准。

a. 所有的文字笔画要足够黑，没有模糊发灰的线条。（字迹是否清晰？）

b. 所写文字形状始终与模板上的字相同。

c. 文字大小统一，在辅助线规范之内。

d. 竖划比较细，有浓重的收笔。横要粗些，笔画尽量水平，可微微上扬。

e. 纸面清洁，没有污染和破损。

第四章
手绘和概念图

　　设计过程中，手绘是表达最初设计思想的最好形式。概念图、三维效果图、缩略草图和方案草图等都是开放的、直接的、自由的表现形式。一个好的设计师应该具备把最初不完善的设计萌芽通过草图中手的移动快速将其转化成真实图像的能力，再通过视觉立即对设计内容进行评估。计算机绘图需要用键盘输入创造图形，丧失了表达的直接和自由。手在键盘上的移动和在纸上图形间的移动是完全不同的两种体验。本章及后面几章的主要教学目标是让你有徒手表达空间构思的自信。虽然你没必要成为一名画家，但是掌握手绘表达技巧是十分必要的，至少你可以从容地在客户面前画出草图。

◎工具和材料

选择流畅、轻松、有表现力的绘图工具，比如软铅笔、毡尖笔、素描钢笔等。

软铅笔：缺点是易弄脏图纸，但是能画极黑或极淡的线条。普通的 4B 或 6B 铅笔削尖后可以画细线，削成楔形可以画粗线。

自动铅笔：铅芯很粗（3mm）的自动铅笔特别适合画草图中的粗线条。

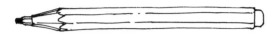

炭棒：缺点是容易污染图纸和手，优点是绘画速度快，适合画宽线和上大面积的调子。大的炭棒宽 1.35cm，小的宽 7mm。

扁平的素描铅笔或木工笔：矩形的铅芯适合画非常宽的线条。

不易弄脏图纸的、更稳定的草图工具包括以下几种：

软彩色铅笔

彩色绘画棒

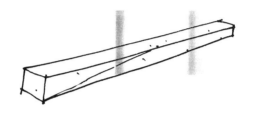

这些绘图工具比铅笔更硬、更顺滑，更适合在硫酸纸上画手绘图。

毡尖笔有不同的形状和大小。有一套细的毡尖笔是非常方便的。

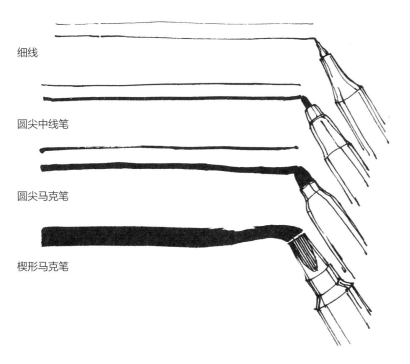

细线

圆尖中线笔

圆尖马克笔

楔形马克笔

钢笔画的线条浓黑，调整用笔力度可以改变线宽。在光滑的纸面上书写效果比较好。

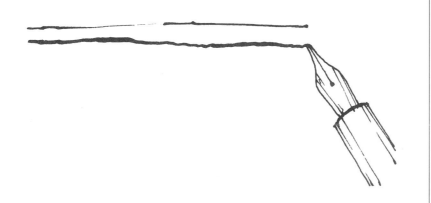

描图纸，比如各种宽度的卷轴描图纸，常用的颜色有白色、黄色和淡黄色。描图纸主要用在方案构思阶段，可多次叠加，快速绘图。描图纸不仅便宜，还有足够的透明度方便转绘设计图，但是因为描图纸薄脆易碎，所以不建议用来画成图。用毡尖笔或软铅笔在描图纸上的绘图效果较好，如果使用马克笔，需要在描图纸背面衬上画图纸。

描图纸品牌众多，有不同的厚度、光滑度和透明度。要根据绘图工具和期望的成图效果来选择适合的描图纸。密实、光滑的图纸适合表达细线较多的细节图。用铅笔上调子适合用粗糙纹理的图纸，特别细密光滑的图纸适合画钢笔画，透明图纸适合转绘描图工作。

防洇染马克纸（bleed-proof marker papers）是经过特殊处理的纸型，可防止马克笔画图时向线条两侧洇染。有些洇染是图纸表达需要，其洇染程度取决于图纸的品牌。但对于大部分绘图过程而言，是不希望马克笔向侧面渗透的，比如绘制细线和表达一些细节时。

有些纯白色的马克纸对比度高，不适合翻印。有的马克纸有一定的透明度，可以用来描图。绘图者根据需要来选择合适的图纸。

大卷的防油纸或冷冻纸配合马克笔适合用来画大尺度的概念图和文案图，但是不适合于翻印。

绘图硫酸纸，硫酸纸的传统用途是用墨水画工程图，但是它的多用途表面也适合用来画铅笔草图。其细腻的磨砂表面可以很容易地快速表现出多层次的色调。2B 铅笔、木工笔、炭棒或是油画棒都是适合在硫酸纸上绘图的工具。

◎ 表现技法

　　不同于制图，手绘时握笔的方式非常重要。如下图所示，不管是铅笔还是钢笔都要与图纸呈较小的角度，手指放松，自然伸展。

自由线

　　画超过 3cm 的曲线时，前臂悬空，手腕伸直，手指不动，以肘关节和肩关节为轴带动手部移动，可以通过小指支撑纸面来增强手的稳定性。

　　只有线长、形状和图案很小时（小于 1cm），运用手指来回移动来带动笔尖画图。

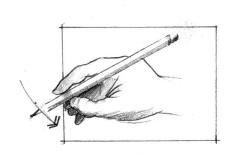
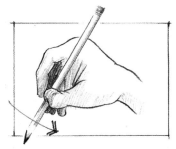

　　大多数的手绘线条都是依靠肘关节带动，手指保持不动。绘制大的图形时手腕尽可能不动，画一些小的图形时可以通过手腕带动笔尖移动。

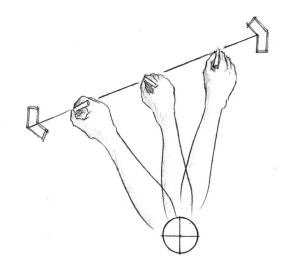

握笔时手指不要过于弯曲，也不要握太紧。

　　用软铅笔可以创造出各种富有表现力的线条，在本书后面章节剖面图和透视图部分，画各种景观元素时用软铅笔是非常实用的。

用一条线画出的自由形状应该有清楚的连接或有稍许缝隙，用多条线画出的自由形状也同样需要快速、有效。

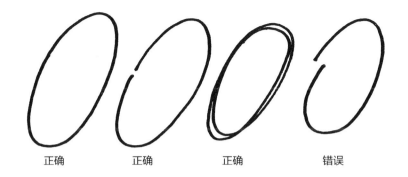

| 正确 | 正确 | 正确 | 错误 |

长直线

长直线很容易通过控制肘关节的活动来完成，要注意手腕和手指保持不动。水平线最容易画。画长线时，在必要的位置需要有起笔和收笔，调整手肘位置继续画线。

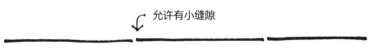

允许有小缝隙

画斜线和垂线时，调整身体或图纸位置，以便继续以肘关节为轴来带动手臂移动画线。

连接两点画直线时，从其中一点起笔，眼睛盯着另外一点，然后快速移动铅笔画向另外一点。

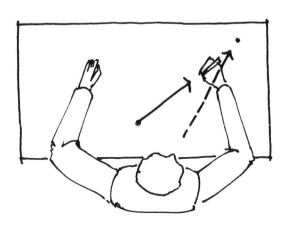

短直线

与画长直线的方法相同，手腕不动。

画线时要自信、快速。在线头和线尾处压笔并停顿一下。头尾之间的笔触可以显得有明暗差别。

线的中段要快速画出，以增加轻重变化的感觉。

在线头处压笔　　　　　　　　　　　　　　在线尾处顿笔

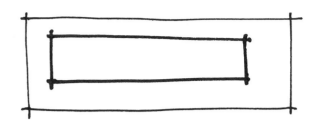

正确：快速、自信的线条，有明显的收笔，两条交线通过轻微交叉形成明显的交角。

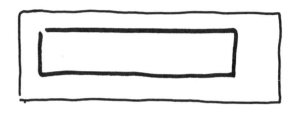

错误：缓慢的、谨慎的、过度用力的线条，有不明显的交角。

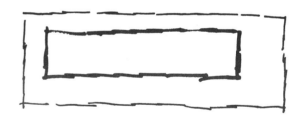

错误：下笔过度犹豫和有太多停顿，线条有毛刺、不流畅，缺乏自信和个性。

细节线

靠手腕和手指的协调运动画短的填充线和小曲线。

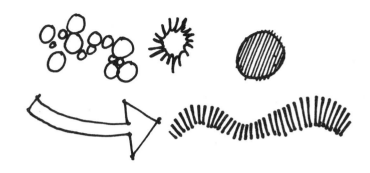

填充线和明暗调子

填充线或明暗调子线之间应保持平行，尽量与外边框相交，允许轻微的重叠。

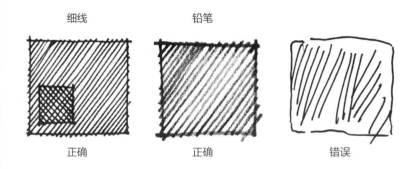

细线　　　　　铅笔

正确　　　　正确　　　　错误

用软铅笔可以创造出各种富有表现力的线条，在本书后面章节剖面图和透视图部分中画各种景观元素时，用软铅笔就是非常实用的。

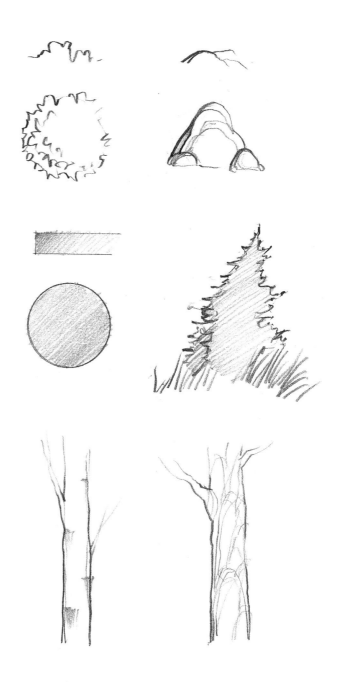

◎概念图

因为刚刚讨论的手绘技巧具有探索性和开放性，所以适合用来画概念图。概念图是非常抽象的，或者说抽象程度依赖于深化的阶段。简单的泡泡图、箭头和自由曲线组成抽象的概念图，主要用于探索场地的功能关系，比如活动场位置和流线组织，而不是用来说明场地精确的形态、纹理、材料等。概念图是设计早期阶段很常用的快速表现形式，主要供设计师本人推进设计，当设计完成后，概念图即失去用处。

在设计的早期阶段，有时候需要利用功能分区图或是概念图与客户讨论设计理念并得到反馈，这时的概念图就要更清晰易懂，便于交流。概念图常用的符号没有一定之规，但是直接使用本书介绍的符号会帮你节约自己设计符号的时间。典型的符号可以用来说明建筑的大概位置、建筑边界线、活动功能区、人车流线、空间分隔、边界、兴趣点或矛盾冲突点。

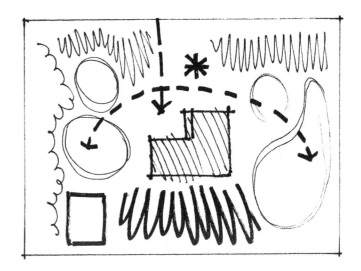

动态线性符号

用以下符号表达，并根据需要做适当调整：

机动车流线；

人行流线；

入口点、出口、入口；

视线方向；

风向；

水流方向；

其他各类运动。

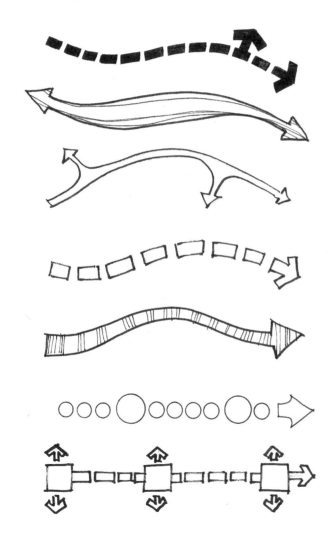

静态线性符号

用以下符号表达，并根据需要做适当调整：

边界线；

分隔线（障碍物）；

墙；

噪声廊道；

生态或景观边缘线，如悬崖、堤岸、森林边界线；

其他。

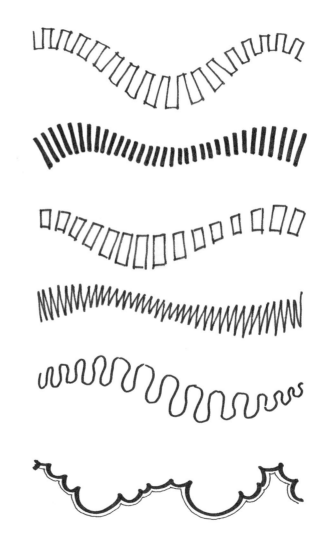

非线性符号

活动区、使用区、功能空间。

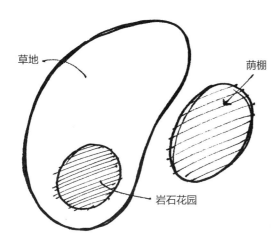

草地

荫棚

岩石花园

建筑物和构筑物。

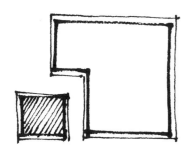

重点区域、兴趣点、冲突区、流线节点。

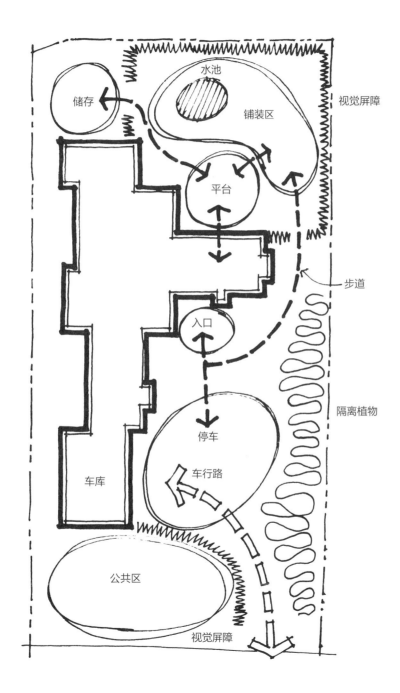

储存

水池

铺装区

视觉屏障

平台

步道

入口

隔离植物

停车

车行路

车库

公共区

视觉屏障

概念图示

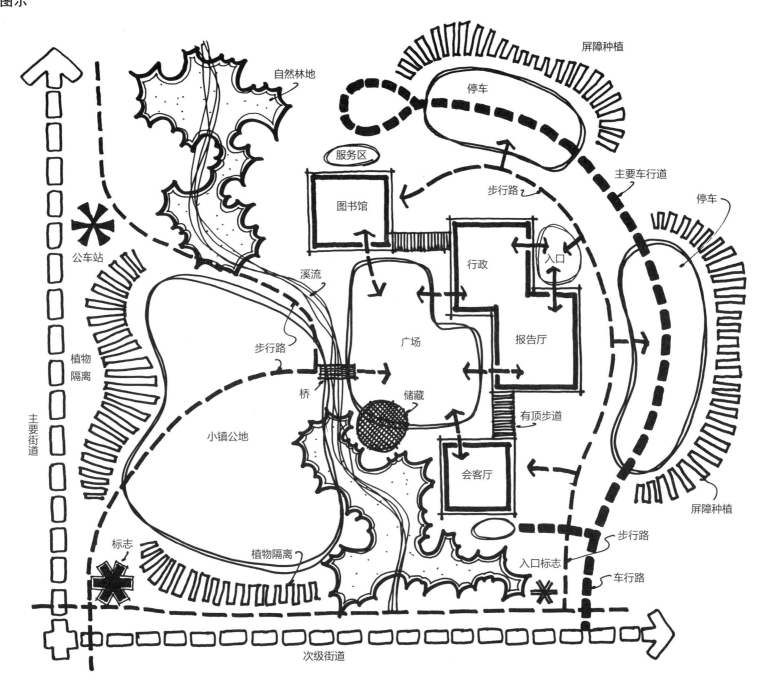

自然林地

屏障种植

停车

服务区

图书馆

步行路

主要车行道

停车

公车站

溪流

入口

行政

步行路

广场

报告厅

植物隔离

桥

储藏

有顶步道

主要街道

小镇公地

会客厅

屏障种植

标志

步行路

植物隔离

入口标志

车行路

次级街道

概念图示

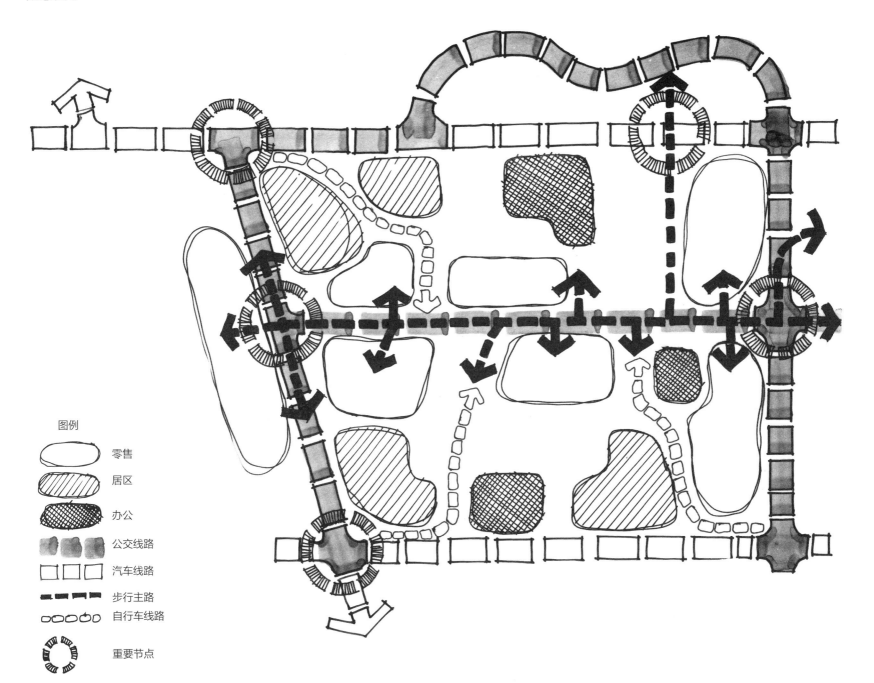

图例

零售

居区

办公

公交线路

汽车线路

步行主路

自行车线路

重要节点

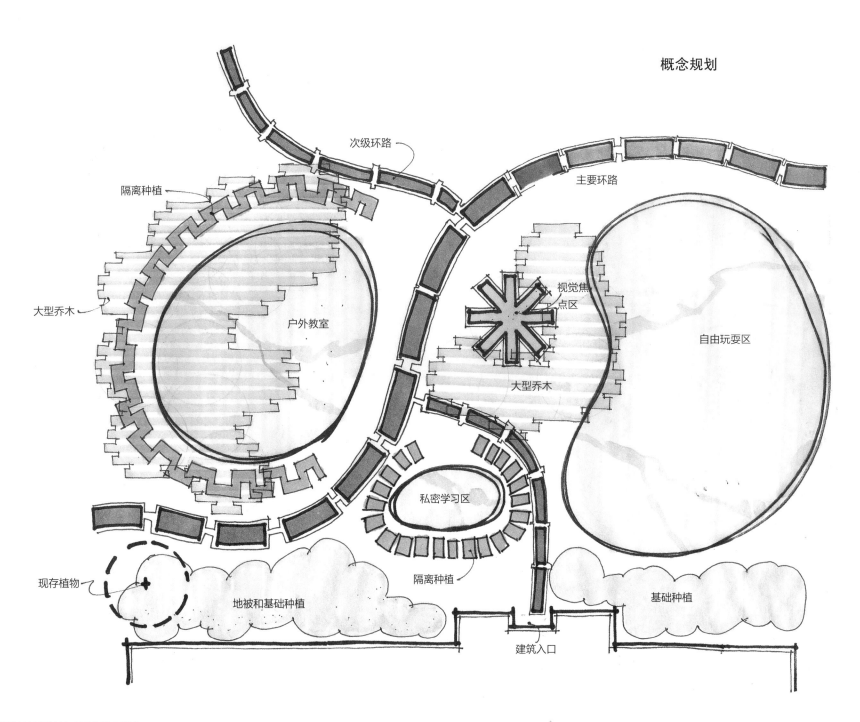

概念规划

次级环路

隔离种植

大型乔木

主要环路

视觉焦
点区

户外教室

大型乔木

自由玩耍区

私密学习区

隔离种植

现存植物

地被和基础种植

基础种植

建筑入口

概念规划

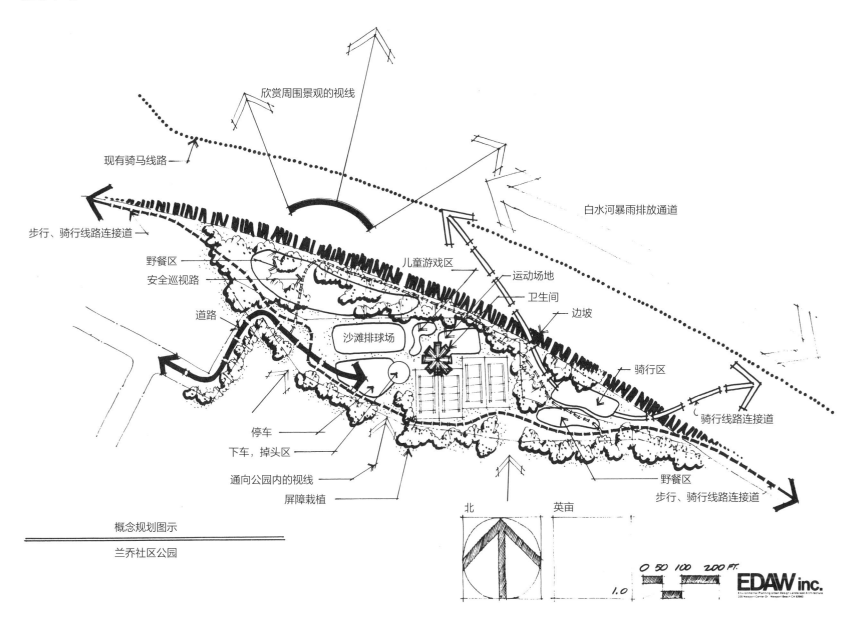

欣赏周围景观的视线

现有骑马线路

步行、骑行线路连接道

野餐区

安全巡视路

道路

白水河暴雨排放通道

儿童游戏区

运动场地

卫生间

边坡

沙滩排球场

骑行区

骑行线路连接道

停车

下车，掉头区

通向公园内的视线

屏障栽植

野餐区

步行、骑行线路连接道

概念规划图示

兰乔社区公园

北　英亩

0 50 100 200 FT.

1.0

EDAW inc.
Environmental Planning Urban Design Landscape Architecture
220 Newport Center Dr. Newport Beach CA 92660

◎ 练习

练习的目的是培养自信心，至于练习画什么并不重要。本练习在于尝试和接受你画的每一幅图。准备一个 210mm×297mm（A4）的素描本，保持每周 3～4 幅手绘练习的频率。如果你有指导老师和同学一起学习，你可以听取他们给你的提高手绘技能的意见，但不要完全受限于此。应抱着只有坚持训练就会有所提高的心态来练习，而不要过于在乎每张图的质量和别人的评价。本书中关于手绘内容的介绍比较浅显，有许多专门教授铅笔、钢笔和渲染等手绘的优秀图书（参见书后"延伸阅读"），可以选择一本适合自己水平的书作为学习本书的配套教材。以下练习的目的是让你放松心态勇于开始手绘练习，放一点背景音乐会更让你心态放松。

4.1 自由曲线

工具：毡尖笔和 420mm×594mm（A2）描图纸。

徒手画一系列不同大小的椭圆和圆，单线的和多线的。

4.2 长线

工具：毡尖笔和 420mm×594mm（A2）描图纸。

在图纸的左右两边各画 3～4 个黑点，用尽可能直的线将左右两边的点连接起来，这根直线可以一笔画成，也可以分几次画，各线段间可以有些小的缝隙。再用一些光滑、流畅的曲线将图纸剩余的部分填充起来，根据自己的喜好确定各线间的间距。

4.3 方形和多边形

工具：毡尖笔和 420mm×594mm（A2）描图纸。

完全徒手画出一种用来代表建筑或建筑景观元素的直边形状的构图，交角处要有明显的交叉，部分图线可与其他图线交叠，还可在一些小的构图中添加色调。

4.4 简单线条图

工具：毡尖笔和 210mm×297mm（A4）图纸。

随意的线条图是推进设计过程的有效表达方式。选择一个有机的形体和一个机械的形体，用自信的手绘线条勾勒出物体的轮廓和内部的一些形态转折，但是不要表达明暗关系。

4.5 连续线

工具：毡尖笔和 210mm×297mm（A4）图纸。

按 4.4 小节要求，用两个不同的物体重复练习，只是这次保持笔与纸张连续接触（一笔画成）。使用连续的线条勾勒物体的主要边缘线和一切形态变化的转折线。建议练习的物体：铅笔刨、刀、钥匙、鞋、帽子等。

4.6 直线表现

工具：软铅笔和 210mm×297mm（A4）图纸。

首先，尝试用不同的笔尖尖度、运笔力度、笔的倾斜程度，随意画出至少 6 条不同的直线。然后，选出其中 3～4 种线条类型，依次画出一种景物或景物的一部分。建议练习的物体：地形地貌、岩石、树干上的树皮、树叶、树枝等。努力表现出练习物体的形状和材质。

4.7 快速画树

工具：毡尖笔和 210mm×297mm（A4）图纸。

在第七章中的"快速勾画树的轮廓线"这一小节中选出 6 种简单的树，并抄绘到图纸上。

4.8 抄绘概念设计图

工具：毡尖笔和 297mm×420mm（A3）图纸。

抄绘本章中的一个概念图。

4.9 编制概念设计图

工具：毡尖笔、彩色马克笔和 297mm×420mm（A3）马克纸。

选择下面的公园或城市广场作为练习对象，将列表中所述的不同功能区紧凑合理地组织到一张概念设计图中，但只能用本章介绍过的抽象图示符号来表达，不能画出真实具体的物体边缘线，比如路缘线、水位线、广场边缘线等。

公园	城市广场
公共道路	公交车站
主要入口	休息区
机动车流线	机动车入口
停车场	停车场
人行道路系统	行人入口
信息中心	信息亭
游乐场	主要喷泉
野餐区	表演区
建筑退让区	商店
自然中心区	钟塔
林缘线	

第五章

方案设计

在方案设计阶段，设计师要与他人交流自己的设计思想，说服他人接受自己的设计理念或是从反馈意见中获得新的设计灵感。交流的对象主要是客户，有时会是设计团队的其他同事或公众。不管与谁交流，你的方案图纸都需要清晰易懂并有足够的吸引力。你可能需要一套图纸来阐述你的方案，比如需要平面图、剖面图和透视图。本章主要介绍平面图相关知识，后续几章会介绍剖面图和透视图。

平面图在方案设计阶段之所以是最常用的表达方式，是因为平面图易于绘制，又能反映设计空间的水平尺度的相对关系。通过一些绘图技术，比如分层符号和阴影可以增加景深和层次，但平面图在反映景观元素竖向关系和真实的视觉体验上还有很大的限制。

画平面图的感觉就像是从热气球上垂直向下看。代表真实景观和材料的图示符号将组成待改建场地的设计图。当然，这些符号由现实景观抽象而成，并且传递着非常逼真的场所信息。抽象符号绘制起来简单快速，但不能像真实图例那样逼真，令人信服。在具体项目的平面图绘制过程中，要根据信息表达需要、预算和时限确定图示符号的真实或抽象程度。本章平面图中所用的图示符号都是可以快速画好且真实感比较强的类型。大多数方案平面图都是彩色的，虽然本书中介绍的都是黑白绘图技巧，但是许多绘图思想对彩色平面图同样也有借鉴意义。

尺规作图和徒手作图相配合是绘制大多数方案图的好方法，这种作图方式比概念图更严谨和真实，比施工图更松散也更有表现力。如果主要用电脑完成方案工作同时又想取得轻松的画风，就可以先用电脑画出简单的设计骨架，打印出来后再手绘上剩余部分。另一种方法是把自己喜欢的手绘图示符号扫描后存入计算机中，再添加到方案图中。

当你对设计项目有了明确的构想，并已在图纸上勾勒出了略去植物和其他材质细节的粗略轮廓线后，下一步就是要把你的设计思想表现出来。要考虑形态、材质和反射性，选择能反映这个设计意图的线形、色调和材质的图示。分步练习抄绘下面几页各类图示，并把它们有机地组合到一张图纸上。你当然也可以创造自己的图示符号，并形成个人风格。

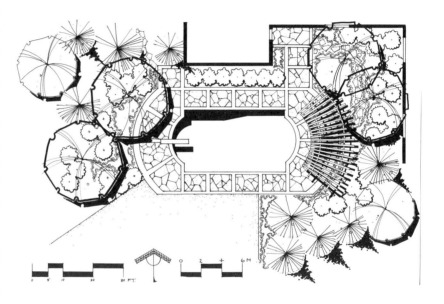

树的快速画法

借助圆板画一个淡淡的圆，并在圆心处画上一个点。下面这些是落叶乔木的快速绘制方式，且很适用于彩色平面绘制。

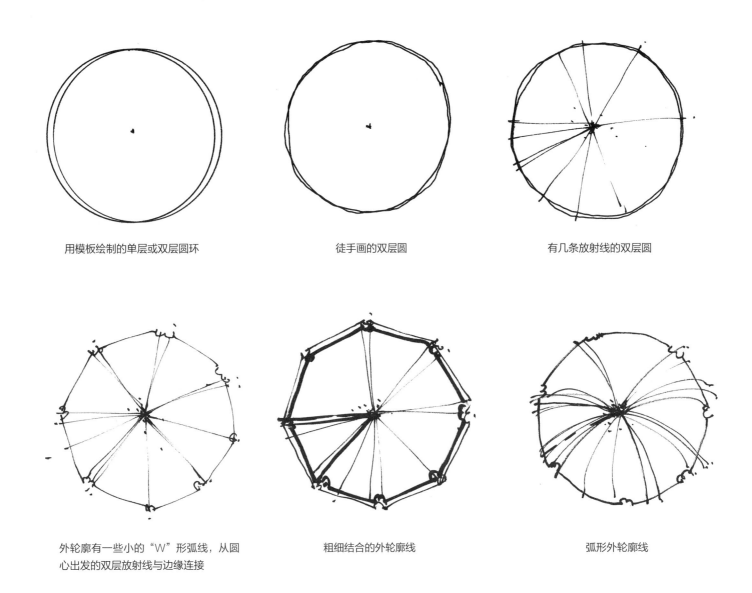

用模板绘制的单层或双层圆环

徒手画的双层圆

有几条放射线的双层圆

外轮廓有一些小的"W"形弧线，从圆心出发的双层放射线与边缘连接

粗细结合的外轮廓线

弧形外轮廓线

树叶纹理表现

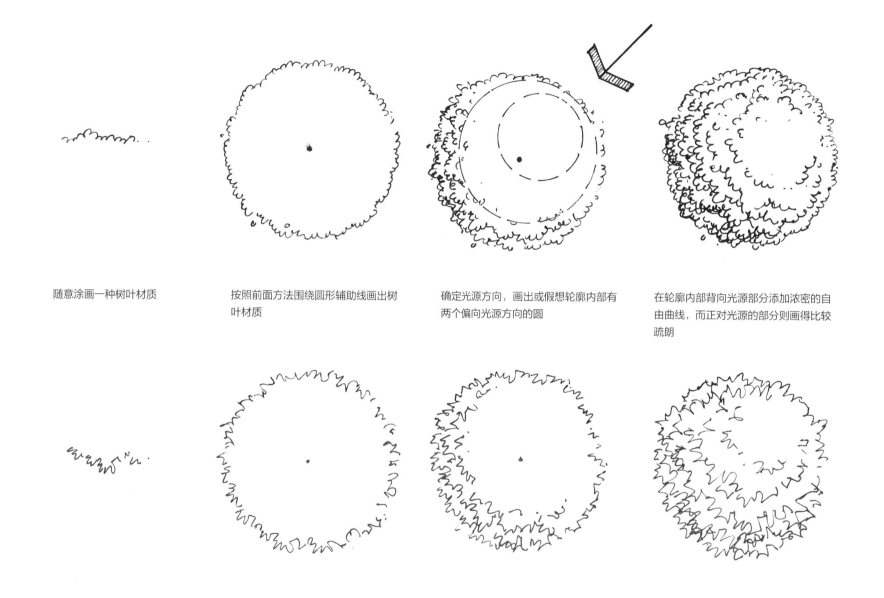

随意涂画一种树叶材质

按照前面方法围绕圆形辅助线画出树叶材质

确定光源方向，画出或假想轮廓内部有两个偏向光源方向的圆

在轮廓内部背向光源部分添加浓密的自由曲线，而正对光源的部分则画得比较疏朗

有分枝的树例

　　此种图示特别适合表达冬季效果，可以在树下表达出其他的景观元素，
或是增加植物图示的轮廓对比度。

绘图顺序

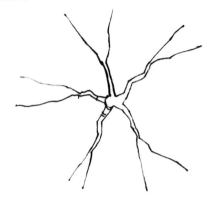

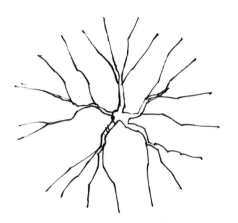

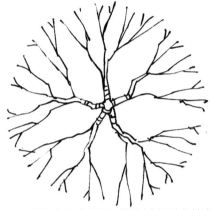

在圆形辅助线内画5根主干分枝

从画好的主干分枝上开始画二级分枝，
一直画到圆形辅助线处停止

继续添加细小分枝，强调出树的边缘轮廓

其他分枝形树例

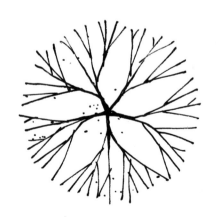

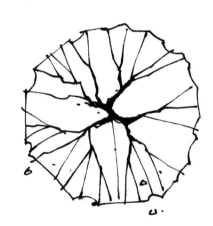

适用大比例（1/4"＝1'—0"或1：50）图纸的分枝树例

马尾松

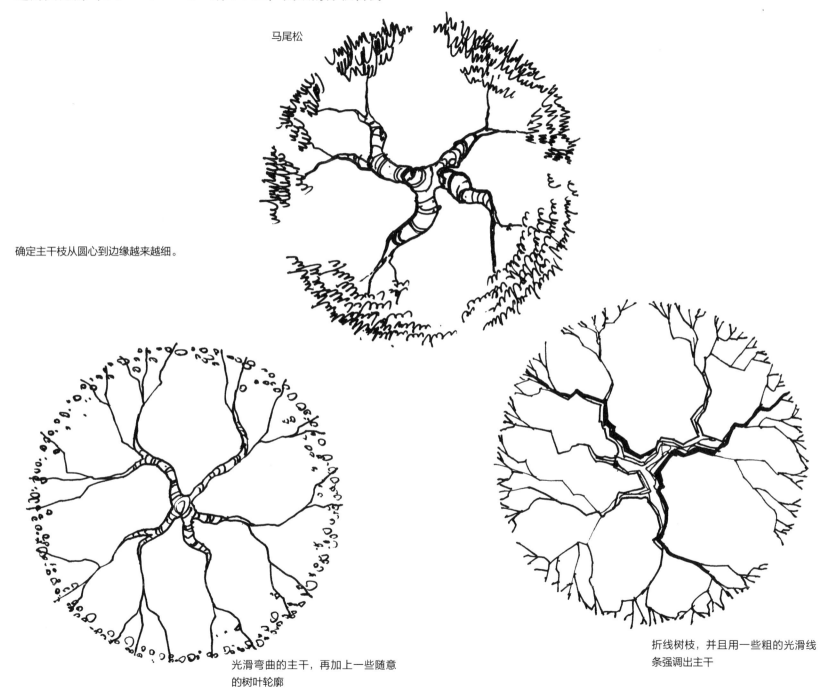

确定主干枝从圆心到边缘越来越细。

光滑弯曲的主干，再加上一些随意
的树叶轮廓

折线树枝，并且用一些粗的光滑线
条强调出主干

针叶树

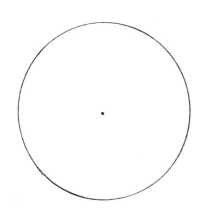

先画出圆形辅助线和圆心

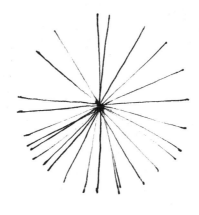

经过圆心徒手画出一些圆的直径

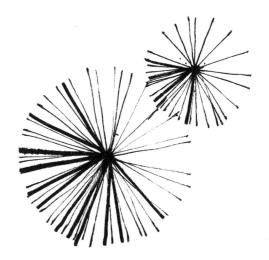

在阴影区增加一些圆的半径线，并将少量线条加粗以增加表现力

其他针叶树例

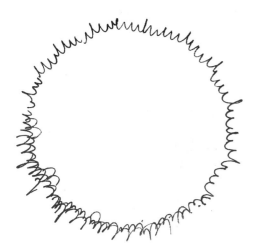

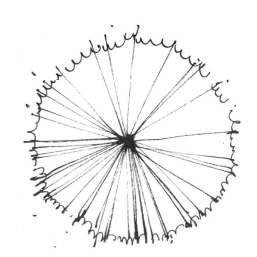

热带植物

粗壮的、粗糙的叶片纹理

重叠的叶片增加了层次感

更多的热带植物

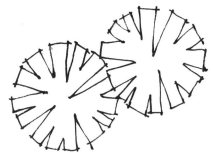

坚持用圆板画辅助线，有些树例内部
还有一个圆

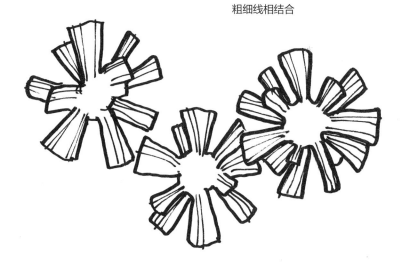

粗细线相结合

用一些填充线来表示棕榈树

沙漠植物

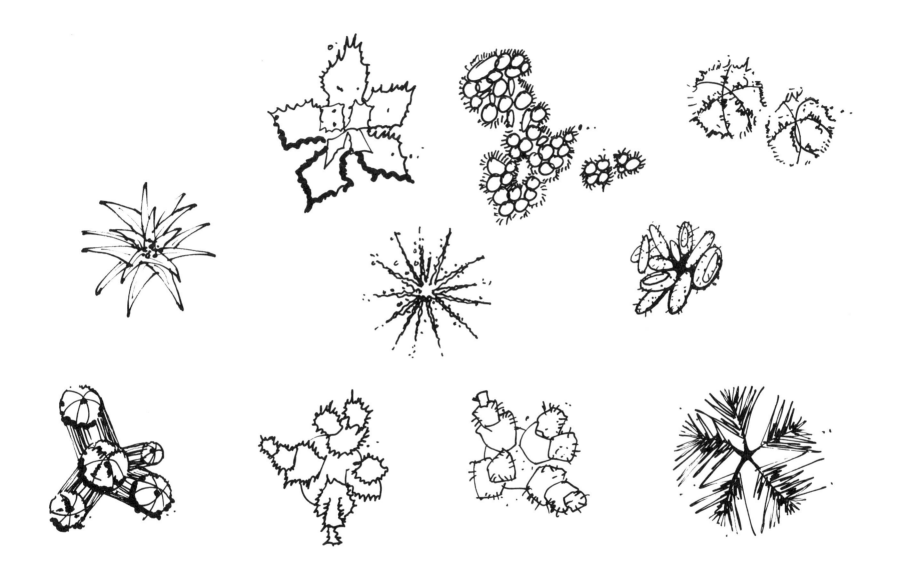

灌木

重复画一些小的单个树例，集合到一起组成灌木丛

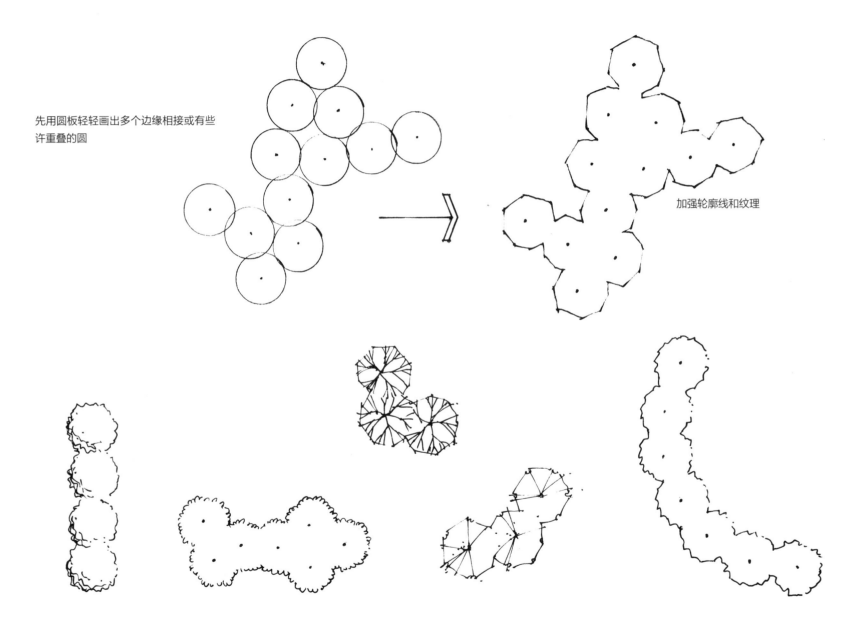

先用圆板轻轻画出多个边缘相接或有些许重叠的圆

加强轮廓线和纹理

更多灌木丛

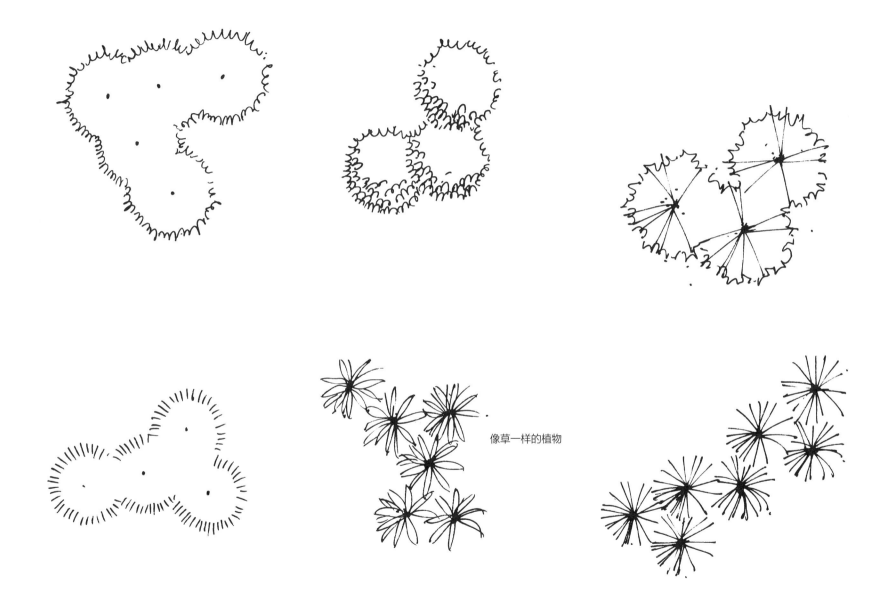

像草一样的植物

地被植物

　　绘制大面积的草、花、匍匐植物或地被植物，可以让纸面保持原样。这显然是特别高效且效果不错的表现方法，尤其是上了颜色之后。

　　绘图步骤大体如下，首先用简单的乱线勾画出地被植物的边界线。用渐变的点划来表示草坪或沙地，可画些符合叶片特征的其他模式。如果时间充裕，可以增加明暗色调，或是添加更多的相似乱线。

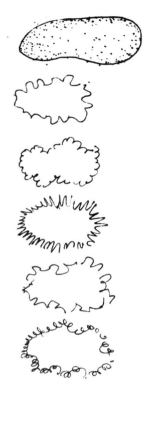

　　如果你想要一个完整的填充纹理，试试这些符号。要快速创建横向的填充符号，试着把两个三角板粘在一起，并迅速在两个直边之间画线。通过保持行的水平和并行来获得最佳效果。确保相邻的两行轻微接触或重叠。

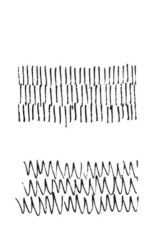

种植设计

当各类植物综合到一张图纸上时，要考虑到分层表达、图示区分和色彩平衡的问题。

分层是指一些图示重叠或遮挡。

图示区分是指能将一类植物与其他植物区分开的图示表达。

色彩平衡是通过线条密度和线条浓淡的对比实现的。如果是彩色平面图，那这一步骤并不重要；但如果是黑白图，色彩平衡与否直接关系到图纸的易读性。

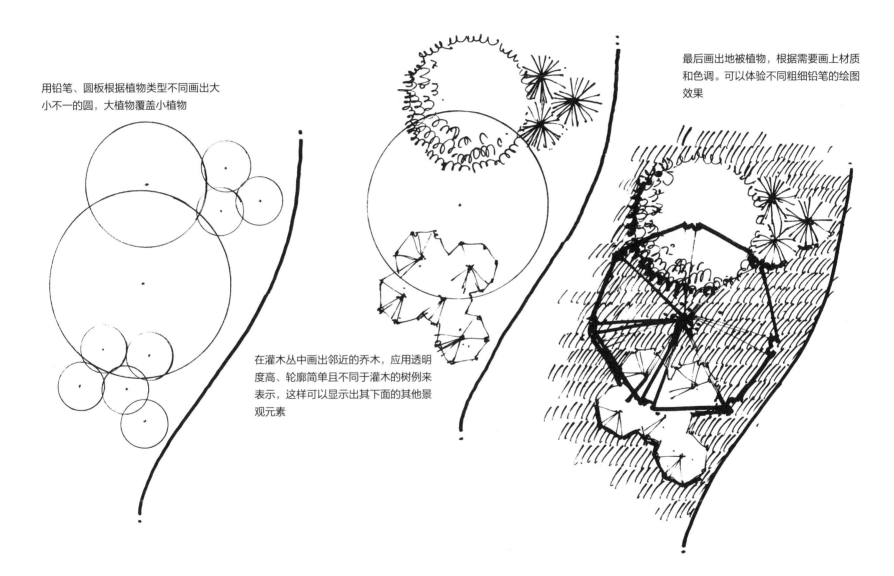

用铅笔、圆板根据植物类型不同画出大小不一的圆，大植物覆盖小植物

在灌木丛中画出邻近的乔木，应用透明度高、轮廓简单且不同于灌木的树例来表示，这样可以显示出其下面的其他景观元素

最后画出地被植物，根据需要画上材质和色调。可以体验不同粗细铅笔的绘图效果

种植设计实例

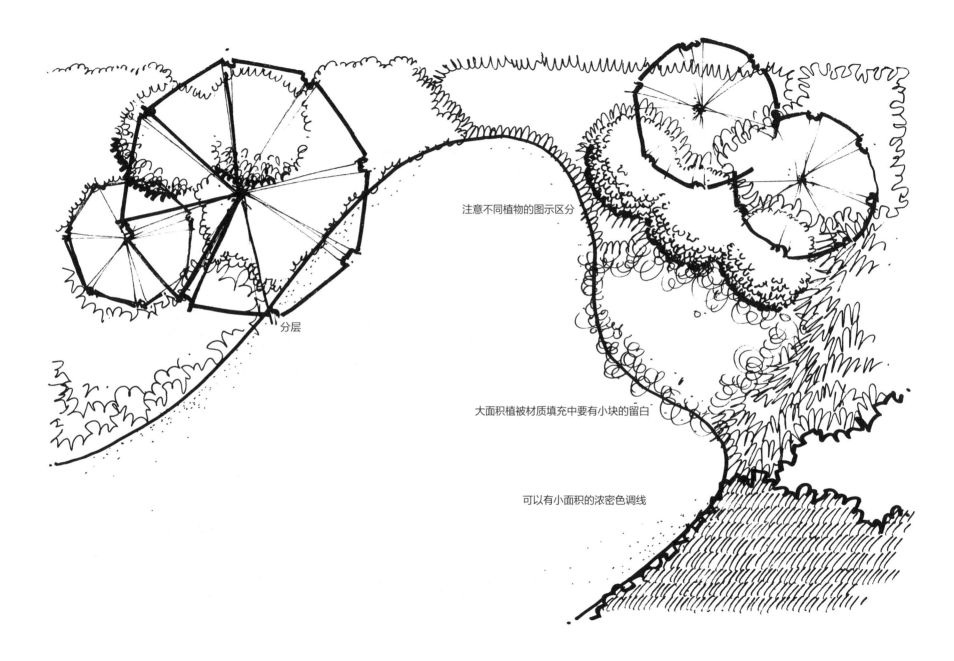

注意不同植物的图示区分

分层

大面积植被被材质填充中要有小块的留白

可以有小面积的浓密色调线

画阴影的种植设计图

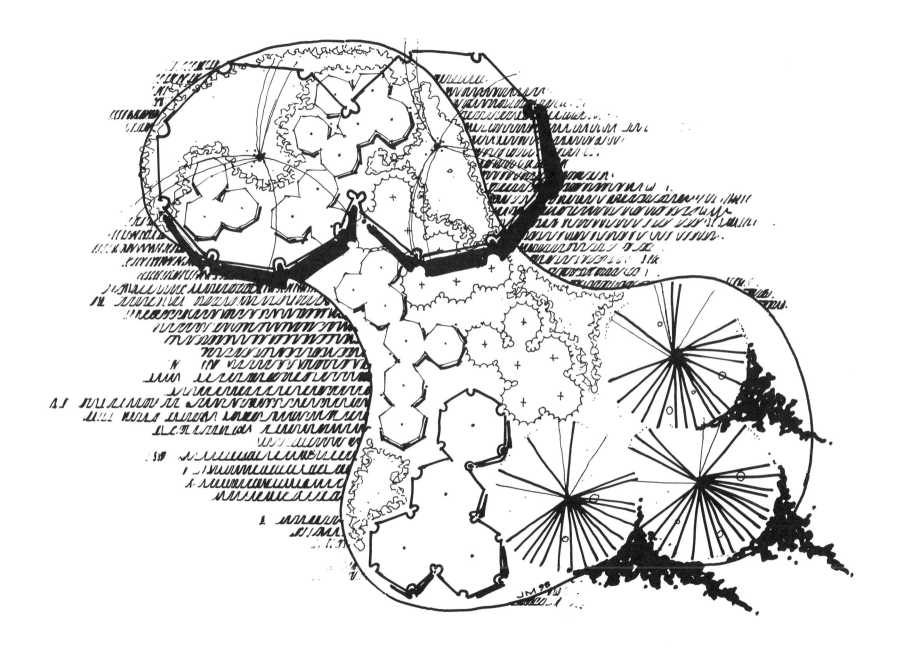

地形

边坡、堤岸、土丘、陡坡、悬崖等地貌因为有竖向变化，所以在平面图上表达出来比较困难。以下是一些可行的表达方式。

在比例尺为 1"=10 和 1"= 40'（1：200 和 1：500）的图纸上，用一些垂直于等高线的小线段来表示坡度。

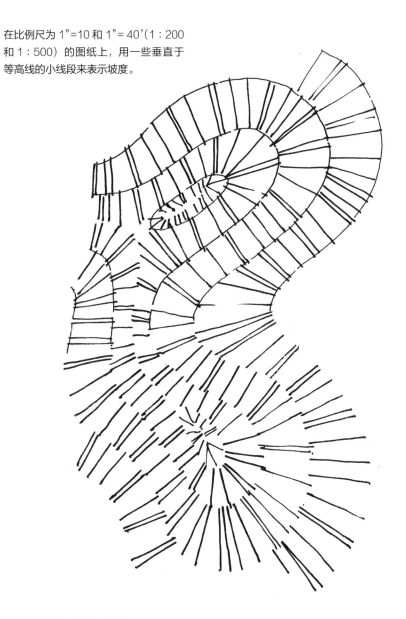

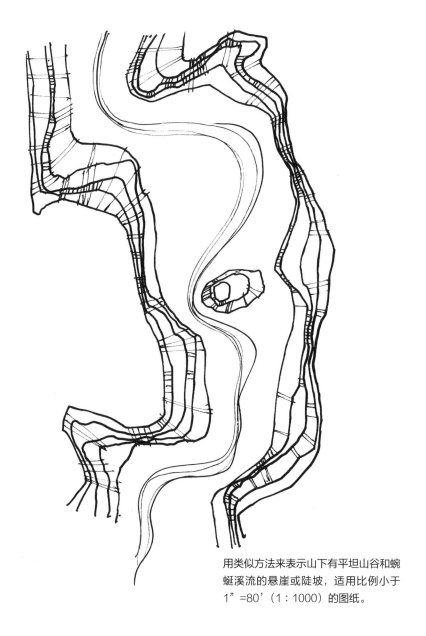

用类似方法来表示山下有平坦山谷和蜿蜒溪流的悬崖或陡坡，适用比例小于 1"=80'（1：1000）的图纸。

更多的悬崖和陡坡表示方式

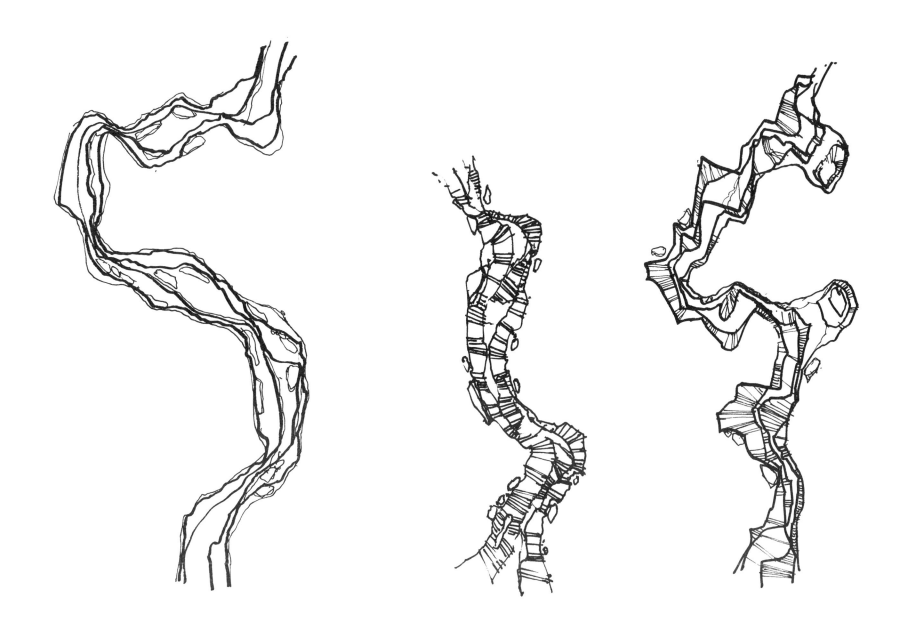

石材图示

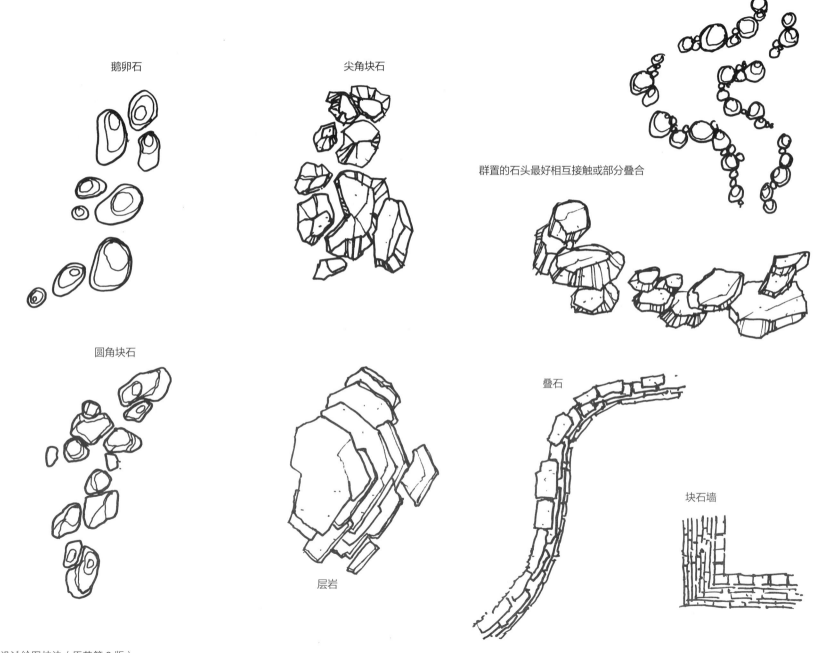

鹅卵石

尖角块石

砾石、卵石水岸

群置的石头最好相互接触或部分叠合

圆角块石

层岩

叠石

块石墙

自然式水景

小溪或河流的表达可以如下图中的几条自由曲线那样简单，其他水体形式在图上也有所体现。

表达水体最好的办法就是水面留白，通过堤岸元素（石块、堤岸、植被、沙子）限定出水体形态。

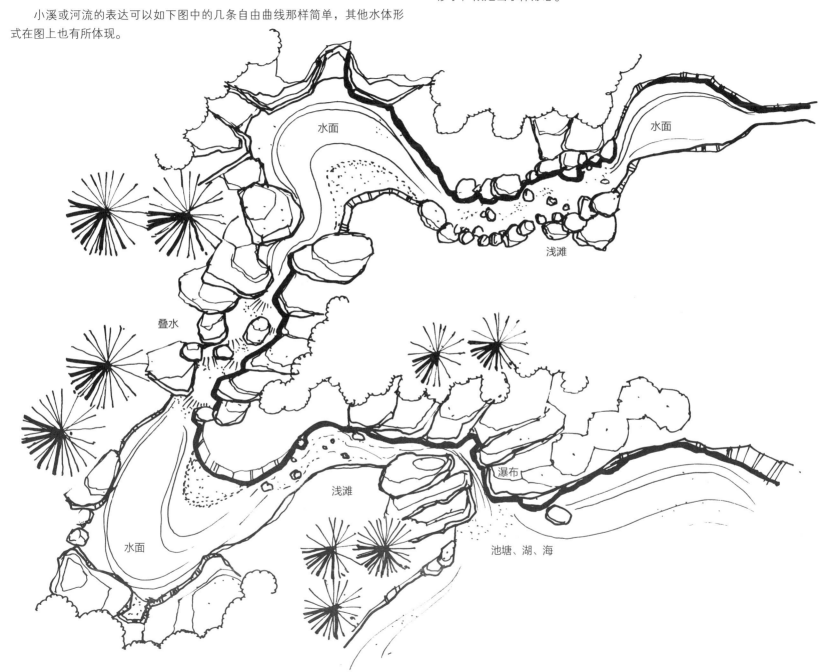

水面

水面

浅滩

叠水

浅滩

瀑布

水面

池塘、湖、海

人工水景

同自然水景一样，用留白来表示水体，或用淡淡材质线表达喷射、水花和涟漪。可以通过添加色彩来表达容器形态和增强水景的表现力。

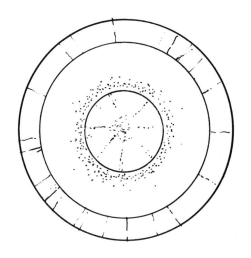

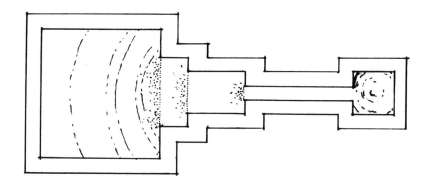

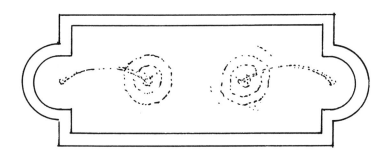

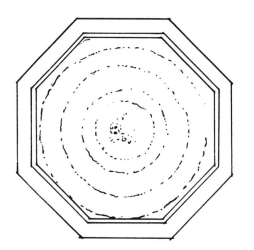

铺装

在 1" =20'（1：250）比例尺下，不必画出铺装的全部纹理，只需在边缘和转角处画出一块精细纹理，然后向中心逐渐模糊、淡化。

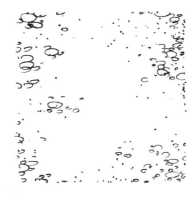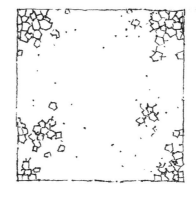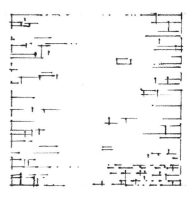

在 1" =10' 或 1/8" =1'-0"（1：100）比例尺下，铺装纹理增粗，仍然可以在部分地方留白。

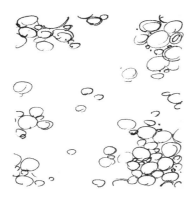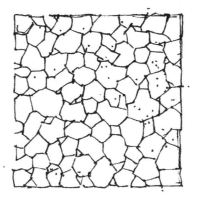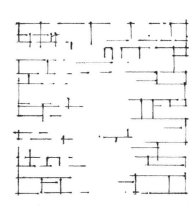

在 1/4" =1'-0"（1：50）的详细比例尺下，需要画出全部铺装元素，甚至接缝也要表达出来。

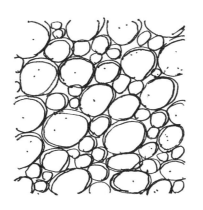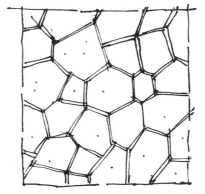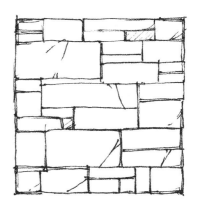

卵石铺装   冰裂纹铺装   切割条石铺装

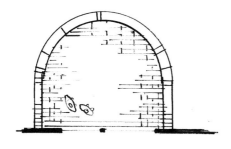

1/8" =1' -0" （1：100）

砖砌露台

1/4" =1' -0" （1：50）

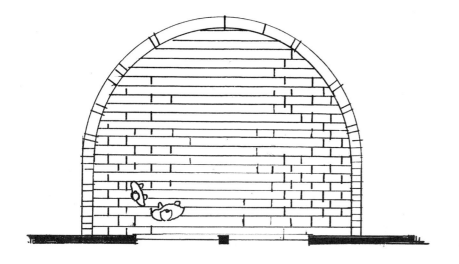

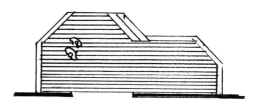

1/8" =1' -0" （1：100）

木质平台

1/4" =1' -0" （1：50）

景观构筑物

表达凌空的结构物可以遮挡一些地面水平要素或通过其虚线轮廓表达，不遮挡任何地表材质。

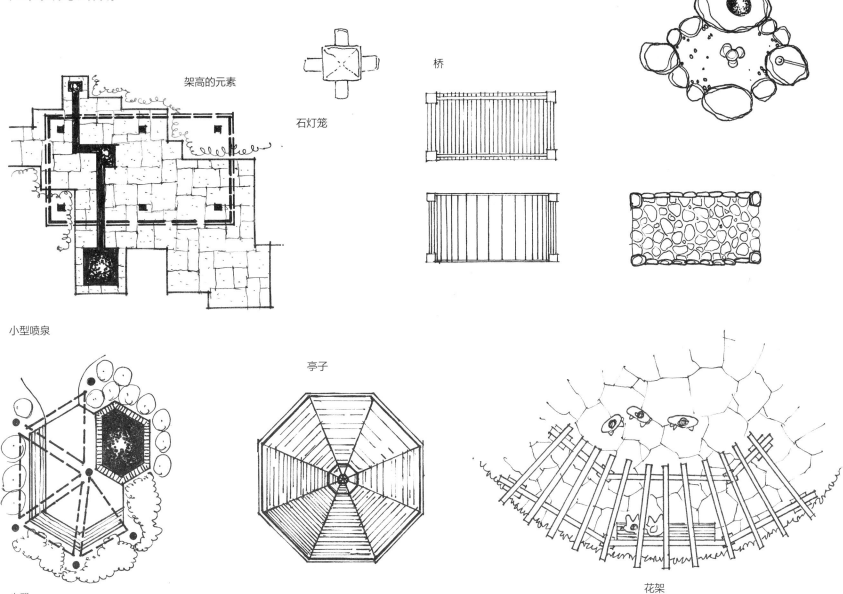

蹲踞

架高的元素

石灯笼

桥

小型喷泉

亭子

坐凳

花架

建筑物

　　景观设计一般都会涉及建筑物，因此建筑图示的规范表达于景观设计而言也非常重要。

　　对于场地规划和其他 2hm² 以上的场地，不管是尺规作图还是徒手绘图，单层建筑轮廓线都是非常醒目的。

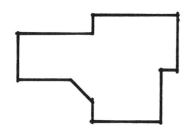

　　绘制场地小于 1hm² 和比例尺大于或等于 1" =10'（1：200）的图纸时，要表示出门窗位置、与门直接连接的道路和硬质场地、与窗户相对的风景或障景，还要用粗实线表示墙体，用细双线表示窗户，而门用靠近外墙的细单线表示出来。

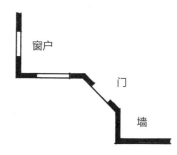

　　外粗内细的双层建筑轮廓线强化了建筑形态，在彩色平面图中建筑通常不上色，使其在所有景观中最为突出。

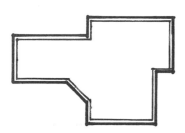

建筑屋顶平面

　　如果想增加平面图的真实感，可以画出屋顶结构线，包括屋顶轮廓线和屋面分隔线。

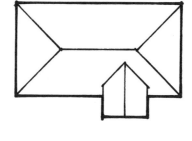

　　确定光源方向，在每个屋面上画出平行于屋面轮廓线的材质线。

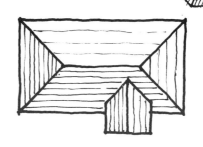

　　在背光侧添加更多的材质线，在直接背光面上材质线最密，色调最浓。

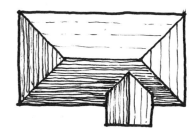

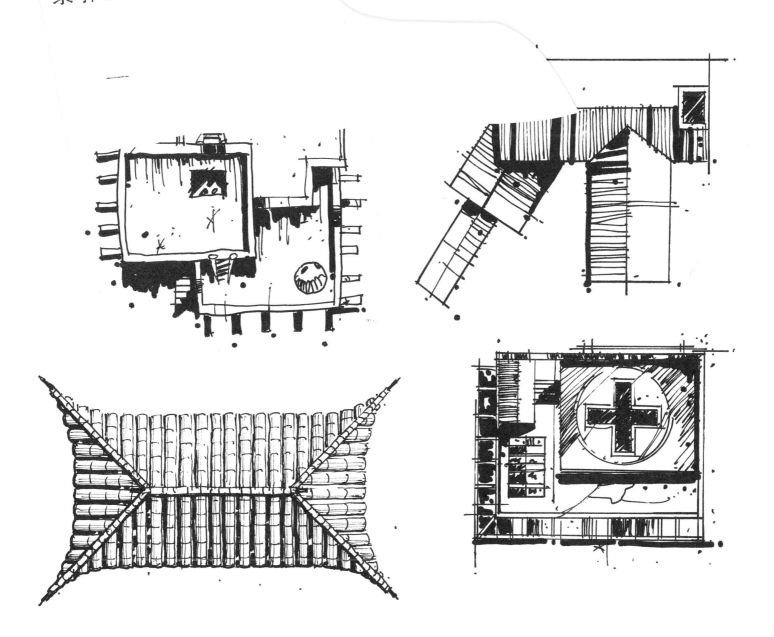

道路和人行道

在图中画出机动车和人可以表达出场地的活动和功能。

小汽车和大卡车

手绘一些形状简单的小汽车和大卡车，有助于确定场地的尺度和功能。

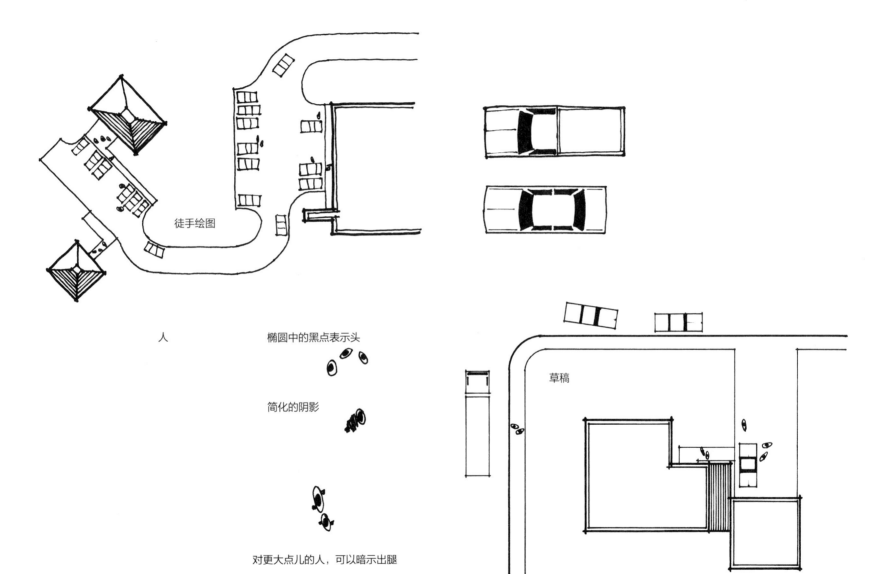

徒手绘图

人

椭圆中的黑点表示头

简化的阴影

对更大点儿的人，可以暗示出腿

草稿

阴影

阴影可以增强图纸立体感，可以作为判断竖向高度的参照，但不必要在整张设计图上都加上阴影。

阴影方向

因为我们已经习惯光线从上方来，因此阴影的投射方向非常重要。阴影可以给人视觉强烈的三维感受，让景观元素有立体感。如果指北针向上，对于南半球国家来说，太阳向南照射，阴影向南或向下是符合真实视觉感受的；北半球国家则相反，阴影在北方或向上画更真实。如果进行光照研究时则例外，阴影方向是重要的设计信息之一，阴影的投射方向要根据太阳方向和太阳高度角的值严格推算出来。不管哪种情况，一张图纸上的阴影朝向必须统一。

阴影浓度

最浓的阴影是浓黑、深黑灰或是深黑蓝。

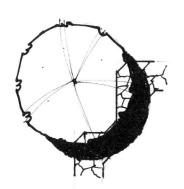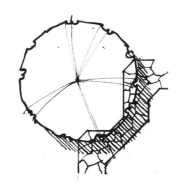

阴影可以直接用线条填充或用中等浓度的马克笔上色。这两种方法阴影效果有所降低，但是可以显露出来一些地面上的景观元素。在同一张图上阴影的表达方式要统一，不要既有线条填充又有颜色填充。

植物阴影

确立光源方向。

假设大部分植物图示都是圆形的。将圆板盖在树上，找到与之大小相当的圆，再将圆板向背光侧平移一点点后画出圆形辅助线。

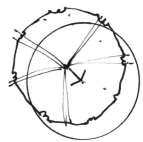

在辅助线和树木之间的月牙形空白处画上阴影。

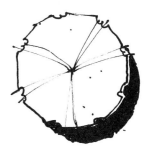

一些尖塔形植物，用圆锥形来替代月牙形阴影。

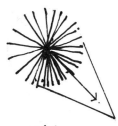

画阴影时最好使用不规则的轮廓线。

建筑物和景观构筑物的阴影

确立与植物相同的光源方向，经过建筑物的转角画平行于光照方向的直线。

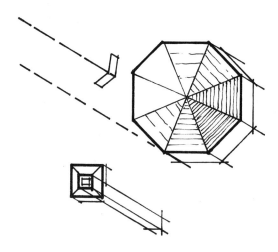

阴影长度与建筑物高度成正比，所以画的平行线的长度应与所经过的建筑角点的高度成正比。阴影的形状与建筑最高点的轮廓平行。

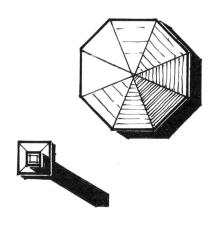

为了明确物体边缘，在物体和阴影间要留有白色的缝隙。

用阴影表达地表形式

当地面有坡度或台阶时，以及阴影落在其他景观元素上面时，需要相应地调整阴影形状。

墙侧斜坡

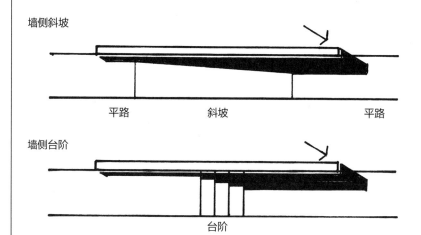

平路　　　　　　　斜坡　　　　　　　平路

墙侧台阶

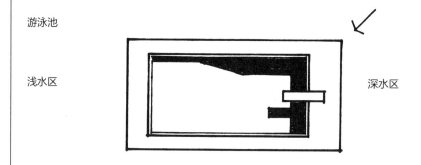

台阶

游泳池

浅水区

深水区

植物遮挡了建筑阴影

用马克笔快速画阴影

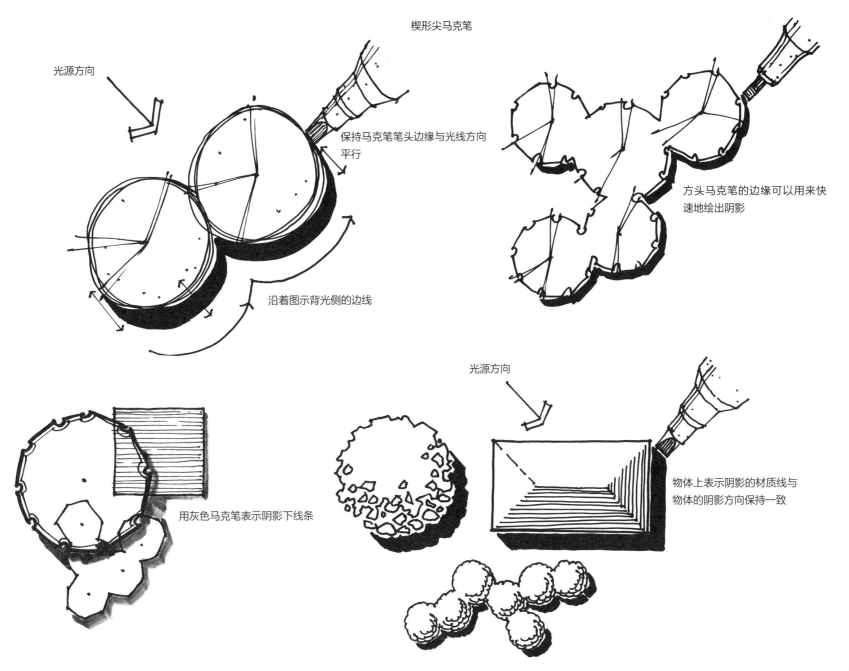

光源方向

楔形尖马克笔

保持马克笔笔头边缘与光线方向
平行

沿着图示背光侧的边线

方头马克笔的边缘可以用来快
速地绘出阴影

用灰色马克笔表示阴影下线条

光源方向

物体上表示阴影的材质线与
物体的阴影方向保持一致

阴影的综合运用

光源方向

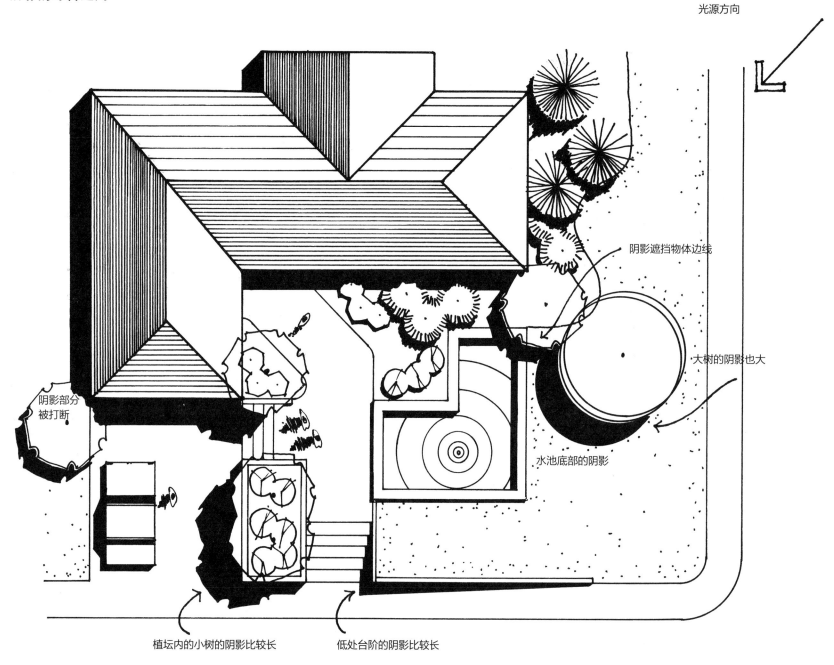

阴影遮挡物体边线

大树的阴影也大

阴影部分
被打断

水池底部的阴影

植坛内的小树的阴影比较长

低处台阶的阴影比较长

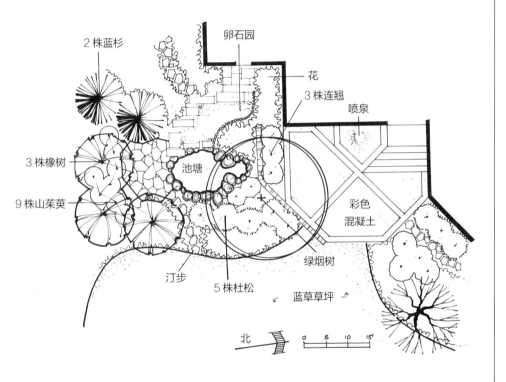

2株蓝杉
卵石园
花
3株连翘
喷泉
3株橡树
池塘
9株山茱萸
彩色
混凝土
绿烟树
汀步
5株杜松
蓝草草坪
北　0　5　10　15'

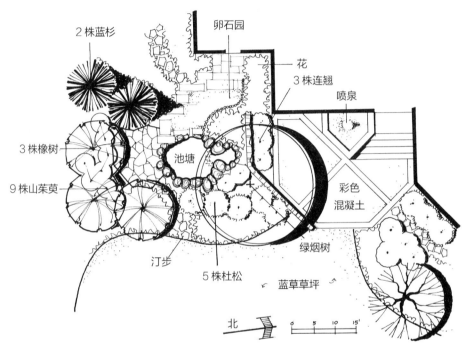

2株蓝杉
卵石园
花
3株连翘
喷泉
3株橡树
池塘
9株山茱萸
彩色
混凝土
绿烟树
汀步
5株杜松
蓝草草坪
北　0　5　10　15'

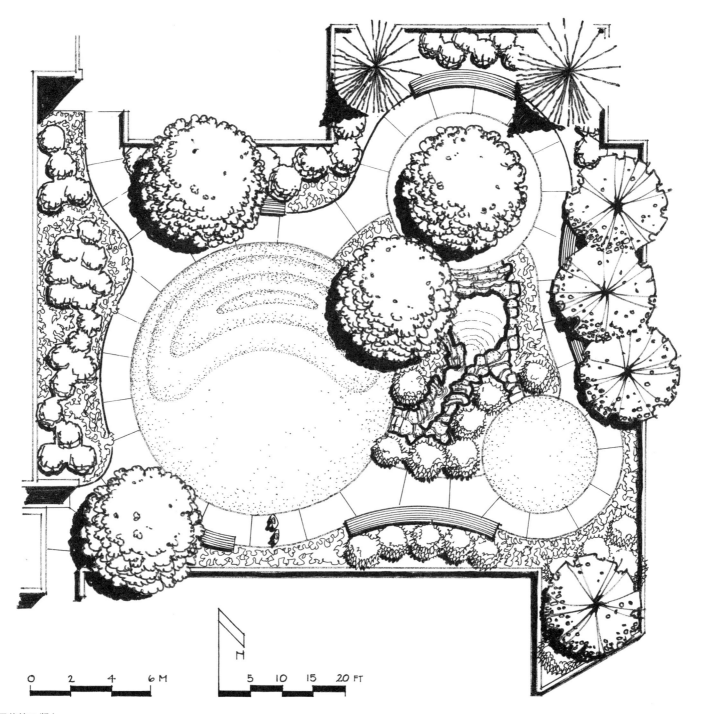

5　10　15　20 FT

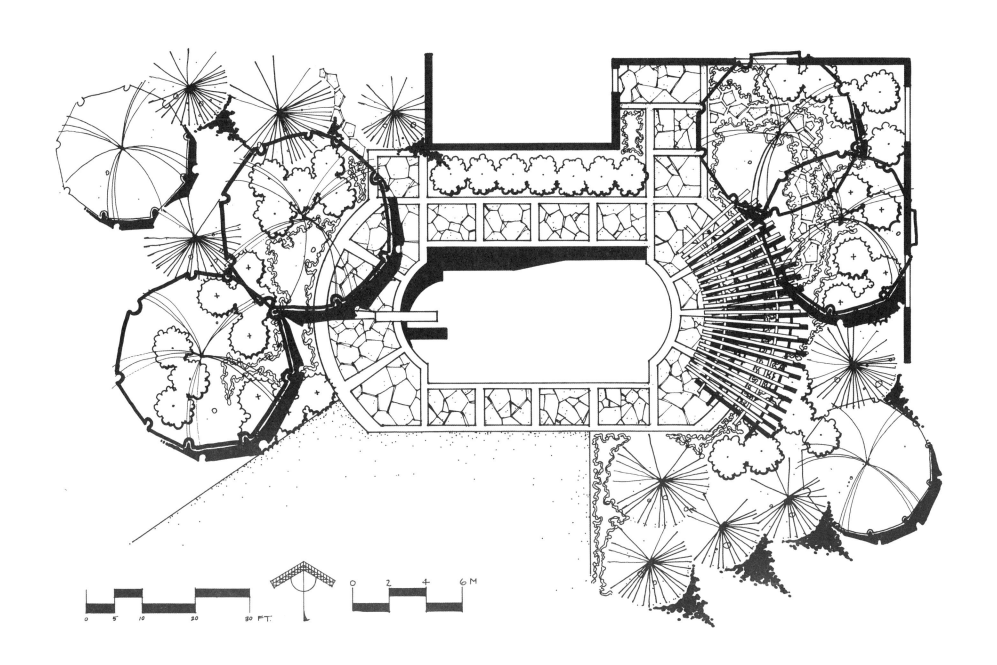

0 5 10   20   30 FT.

0   2   4   6 M

◎练习

本练习的主要目的是练习手绘各类景观元素的平面图示，熟悉各类绘图工具。所有的练习都是抄绘相应内容，请不要用描图纸摹绘。在每张练习纸上都要清晰整洁地写上大小合适的标题，底部要有你的签名。

5.1 落叶树

工具：铅笔和 210mm×297mm（A4）的牛皮纸。

在纸上画 4 个快速树例和 4 个带有树叶材质的树例，直径大小从 4~6cm 不等，确保线条清晰。

5.2 分枝树

工具：钢笔和 210mm×297mm（A4）的马克纸或防水纸。

画 4 个直径 4~6cm 不等的分枝树例和一个直径约 10cm 的大树例。

5.3 针叶和热带植物

工具：钢笔和 210mm×297mm（A4）的硫酸纸。

画直径 3~5cm 不等的 4 个针叶树例和 8 个热带植物树例，其中至少有一棵是棕榈树。

5.4 灌木和地被植物

工具：钢笔和 210mm×297mm（A4）的马克纸或防水纸。

画一组大小 1~2cm 不等的灌木和地被植物。

5.5 岩石和沙漠植物

工具：钢笔和 297mm×420mm（A3）的描图纸。

创作一张比例尺为 1/4"=1'-0"（1：50）的构图，画一组石头，至少用到 4 种类型的石头，中间混合一些簇状沙漠植物，一条蜿蜒的石板路贯穿其中。

5.6 自然式园林空间

工具：钢笔和 297mm×420mm（A3）的硫酸纸。

设计一张比例尺为 1"=10'（1：200）或 1"=20'（1：400）的自然式园林图纸，其中必须包括落叶树群、针叶树群和灌木丛，还要有镶嵌石块的小溪、悬崖、一些简单的构筑物（桥、棚架、栈道）和铺装人行道。图上还要加上标题、指北针和图形比例尺。你可以在原图上画阴影或者画成彩色平面图。

5.7 城市园林空间

工具：钢笔和 297mm×420mm（A3）的马克纸或防水纸。

设计一张比例尺为 1"=10'（1：200）或 1"=20'（1：400）的城市景观空间图纸，包括的内容有：至少一栋建筑、一个停有小汽车的停车区、人群、一个亭子或其他构筑物、两类不同的铺装、一处喷泉、座椅、大量乔木、灌木丛和一些地被植物。要表达出各类要素间的层次感。图上还要加上标题、指北针和图形比例尺。你可以在原图上画阴影或者画成彩色平面图。

5.8 庭园空间

工具：钢笔和 297mm×420mm（A3）的马克纸或硫酸纸。

把下页的庭园空间按 1"=10'或 1：100 的比例放大到 A3 图纸上。抄绘庭园的基本结构，并按提示添加相应的景观图示，包括：植物、小溪、池塘、铺装、草地、架空的遮阳架、亭、座椅、岩石。同样也要加上标题、指北针和图形比例尺。

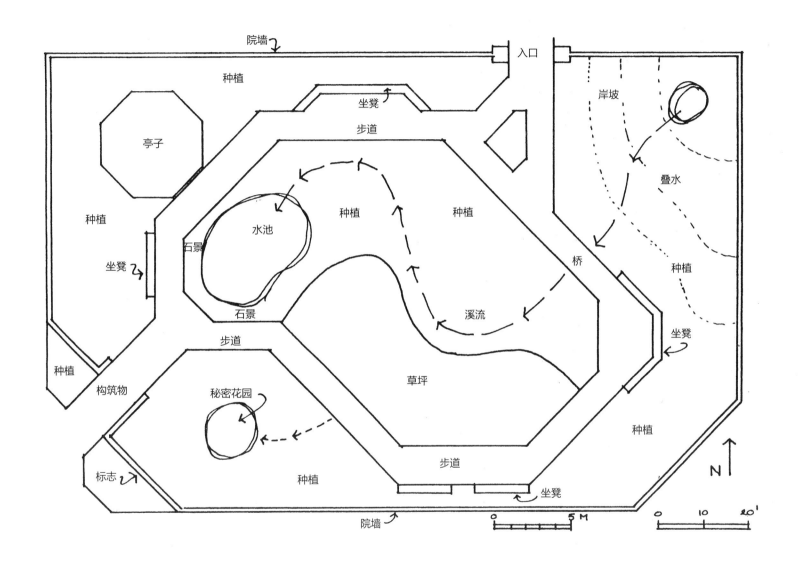

院墙
入口
种植
坐凳
步道
亭子
岸坡
种植
叠水
石景
水池
种植
种植
坐凳
桥
溪流
石景
草坪
坐凳
步道
秘密花园
种植
构筑物
种植
标志
步道
种植
坐凳
院墙

N

0 5 M
0 10 20'

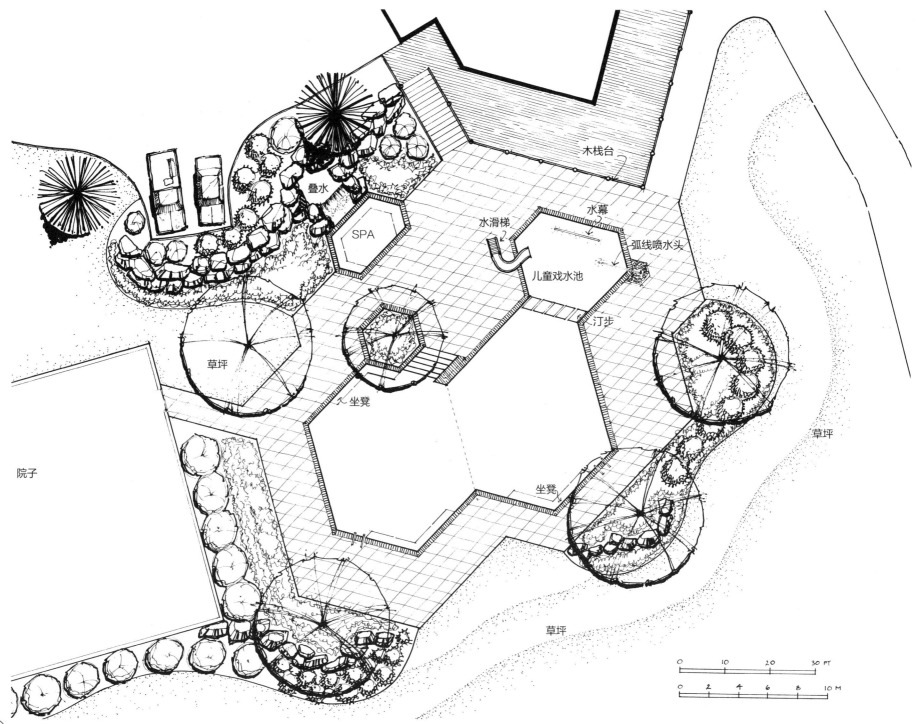

木栈台

叠水

水幕

水滑梯

SPA

弧线喷水头

儿童戏水池

汀步

草坪

坐凳

院子

草坪

坐凳

草坪

草坪

0   10   20   30 FT

0 2 4 6 8 10 M

第六章

剖面图与立面图

景观规划设计的平面图不能够传达全部的设计信息。即使用阴影和分层表达的方法，也不能详细地传达出垂直元素信息和其相对于平面形态的关系，剖面图才是表达竖向要素最适合的工具。

section-elevation

◎剖一立面图

　　景观规划设计中的剖面图就好比是用一把大刀垂直切割大地，再把靠近观察者一侧的大地移开后所看到的剩下的横断面。

被刀剖切出来的垂直面是一个真正的断面图，在它的前后都没有任何其他物体（图A）。

A

没有被剖切到的元素按同样比例画出来形成立面图，这些元素不需要画出剖断线（图B）。

B

将断面图和立面图综合到一起使用是景观设计师最有效的工作方式，常常简称为剖一立面图，当然通常简称剖面图。在设计实践中，两种图常常是可以互换的（图C）。

C

立面图在建筑图中比在景观规划图中更常用。立面图能很好地表达建筑表面细节，一个平面图常常对应多个立面图（图D、图E、图F）。

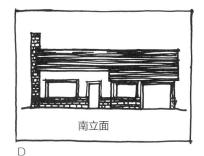

南立面

D

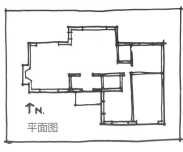

西立面

E

平面图

F

基本特点

在剖面图中，用一条加粗的线表示剖切面，剖切面后面一定距离内的垂直景观元素也要按一定比例表示出来。一般情况下，水平要素和垂直要素采用相同比例。剖切面后显示出多少景观要素依赖于空间类型和景物信息，并且，选择表达离剖切线距离越近范围内的景观要素，剖面图越容易画，下图即是如此。

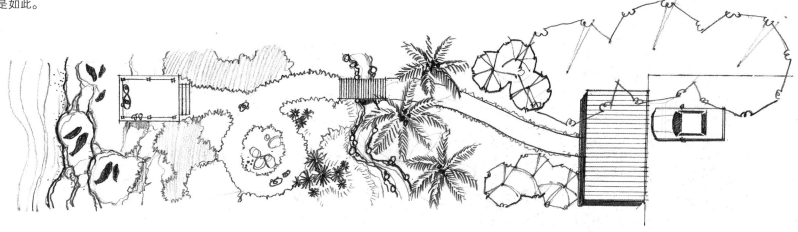

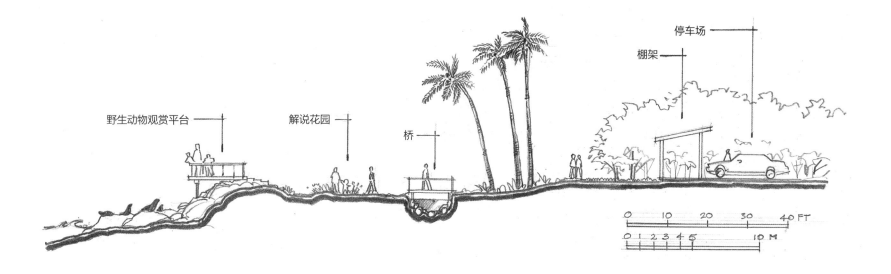

◎根据平面图画剖面图

步骤一：在平面图上盖上一张新的图纸，对照下面的平面图，在要剖切的部位画出一条剖断线，把已知竖向信息的点在剖断线上用记号表示出来。本例中，以池塘为水平面，等高线间距约 1.5m。

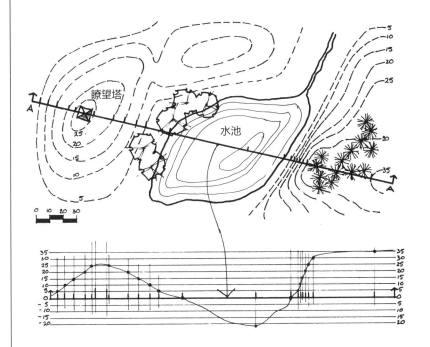

步骤二：取下图纸，在图上以刚画的剖断线为水平基准线，在其上部和下部画出一系列间距相等的水平辅助线，间距宽度对应垂直高度的增量。可以选择与水平向相同的比例尺绘制竖直方向的要素，也可以采用水平向比例尺 1.5～2 倍来绘制竖向要素。在水平基准线上的每一个标记上画一条垂直辅助线，找到此点真实高度对应的图纸高度，并画个记号，然后连接所有垂直线上的记号点构成垂直剖断线。

步骤三：再覆盖上一张新的图纸，描出剖断线并加粗，并在正确的高度位置绘制出其他景观要素。

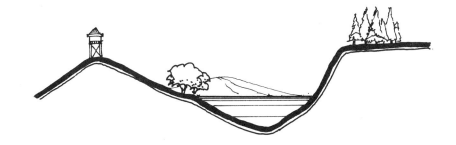

工具：2B 铅笔

应用

以下示例向大家展示剖面图的主要用途。

● **用来展示人、活动和建筑环境**

为了避免失真，水平与垂直方向最好选用相同比例。

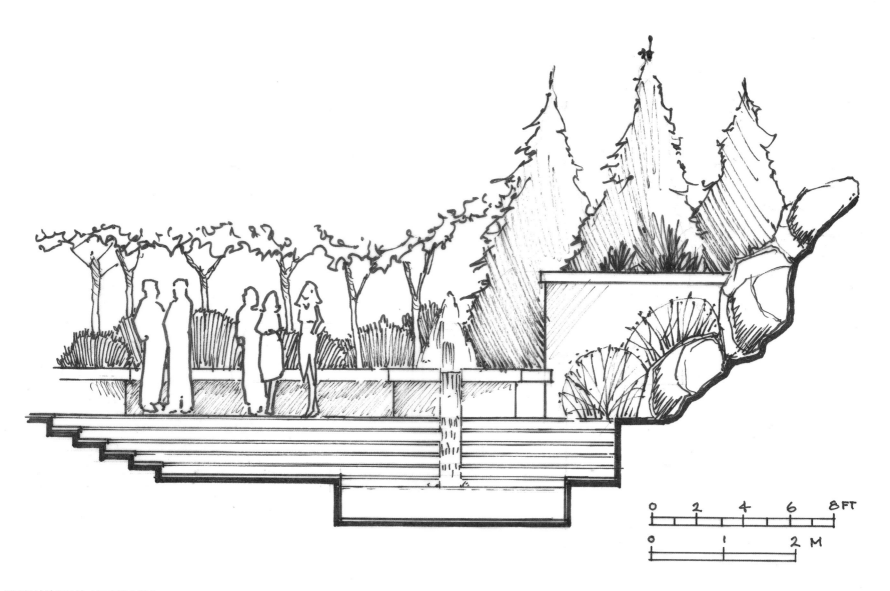

• 分析视野

进行景观视线分析时常常需要对竖向元素进行分析，因为竖向元素的精确位置决定了视线是封闭还是通透。

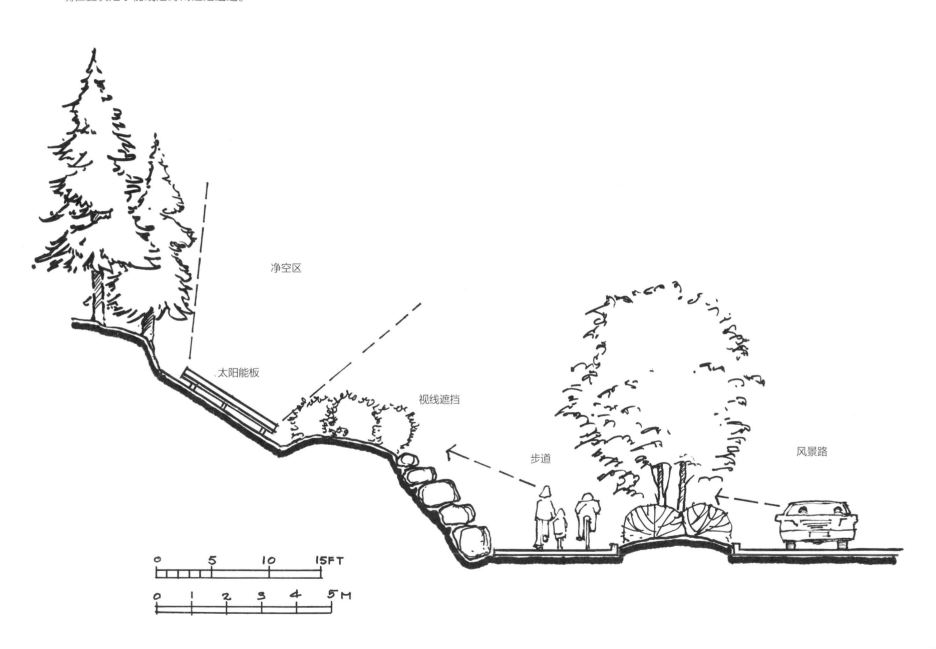

净空区

太阳能板

视线遮挡

步道

风景路

0　　　5　　　10　　15FT

0　　1　　2　　3　　4　　5M

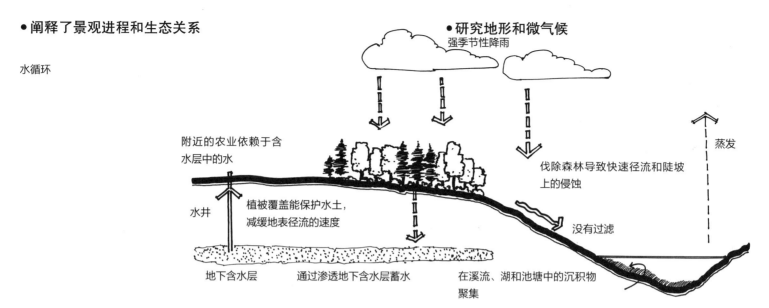

水循环

● 研究地形和微气候

强季节性降雨

蒸发

附近的农业依赖于含
水层中的水

伐除森林导致快速径流和陡坡
上的侵蚀

水井

植被覆盖能保护水土，
减缓地表径流的速度

没有过滤

地下含水层　　通过渗透地下含水层蓄水　　在溪流、湖和池塘中的沉积物
聚集

植物群落

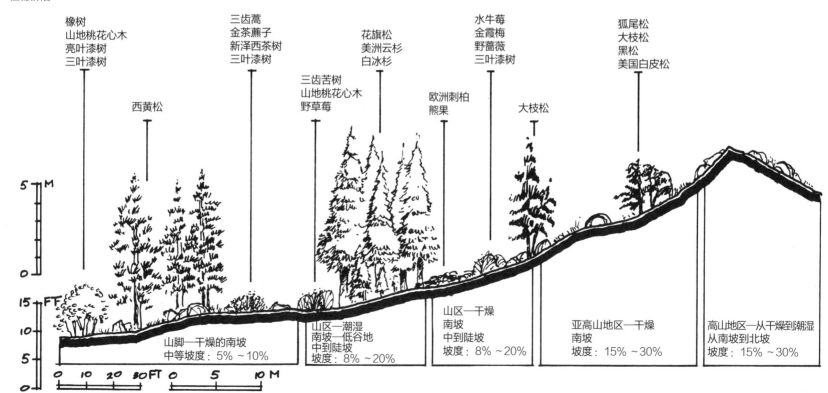

橡树
山地桃花心木
亮叶漆树
三叶漆树

三齿蒿
金茶藨子
新泽西茶树
三叶漆树

花旗松
美洲云杉
白冰杉

水牛莓
金霞梅
野蔷薇
三叶漆树

狐尾松
大枝松
黑松
美国白皮松

西黄松

三齿苦树
山地桃花心木
野草莓

欧洲刺柏
熊果

大枝松

5 M

15 FT

10

5

山脚—干燥的南坡
中等坡度：5%~10%

山区—潮湿
南坡—低谷地
中到陡坡
坡度：8%~20%

山区—干燥
南坡
中到陡坡
坡度：8%~20%

亚高山地区—干燥
南坡
坡度：15%~30%

高山地区—从干燥到潮湿
从南坡到北坡
坡度：15%~30%

0   10   20   30 FT 0   5   10 M

● 表达平面图无法展示的要素

在平面图中不可能表现出来的元素包括洞穴、悬空物、水体深度和地下特征等。

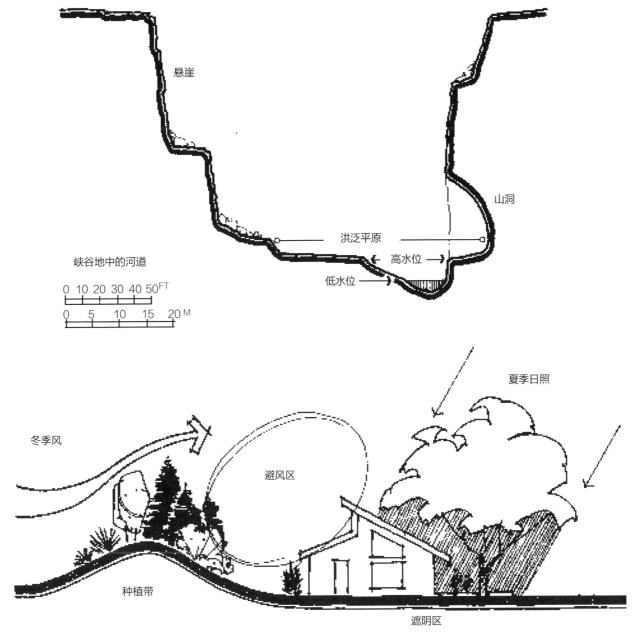

悬崖

山洞

峡谷地中的河道

洪泛平原

高水位

低水位

0 10 20 30 40 50 FT

0 5 10 15 20 M

夏季日照

冬季风

避风区

种植带

遮阴区

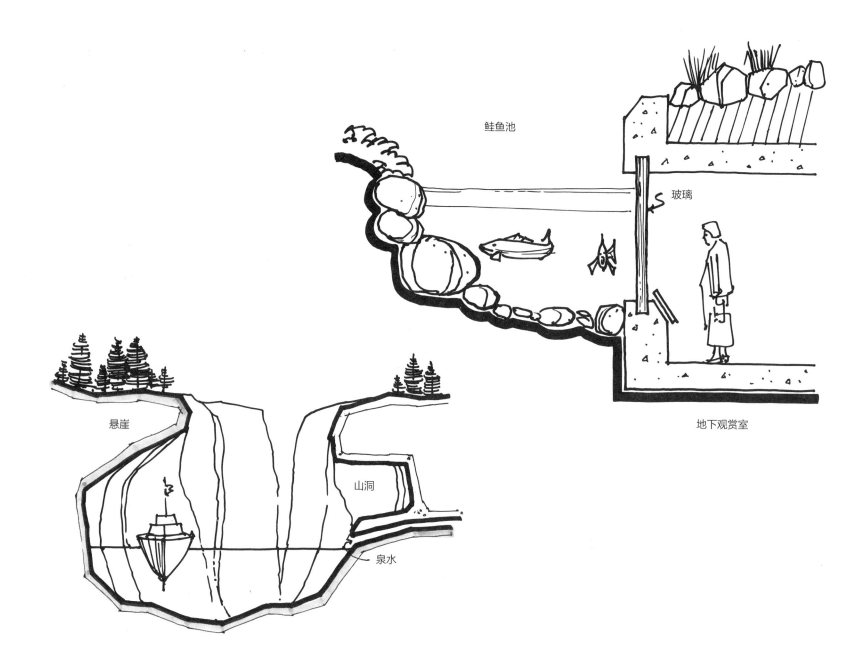

鲑鱼池

玻璃

地下观赏室

悬崖

山洞

泉水

● 展示内部结构

在建筑施工图中经常使用剖面图来显示建筑材料、结构的内部构件以及它们的安装方法等。精确的垂直尺寸也适用于施工图剖面图。

池塘剖面
比例：1/2" = 1" - 0（1：25）

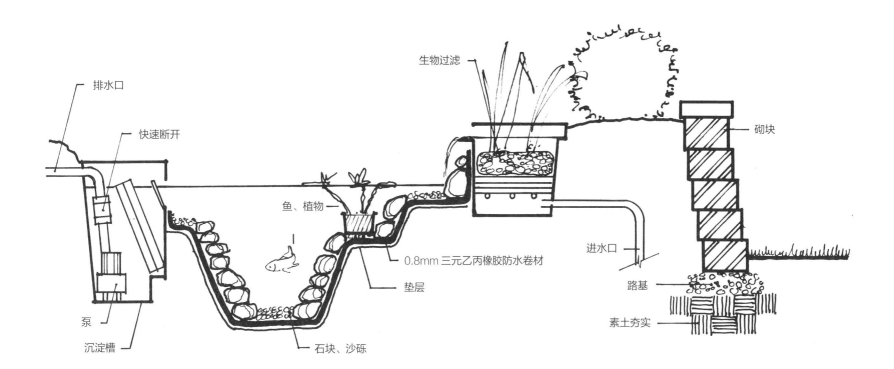

排水口

快速断开

生物过滤

砌块

鱼、植物

0.8mm 三元乙丙橡胶防水卷材

进水口

泵

垫层

路基

沉淀槽

石块、沙砾

素土夯实

0   4   8   16 FT.

剖面手绘

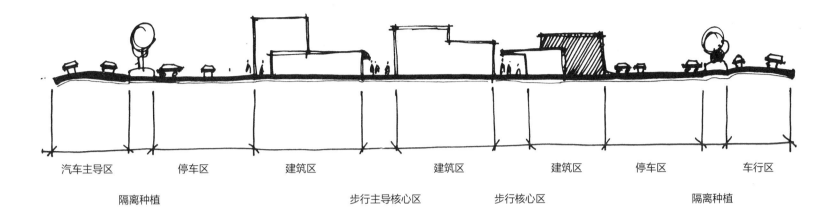

汽车主导区　　停车区　　建筑区　　　　建筑区　　　建筑区　　停车区　　车行区

隔离种植　　　　　步行主导核心区　　步行核心区　　　　隔离种植

剖面图

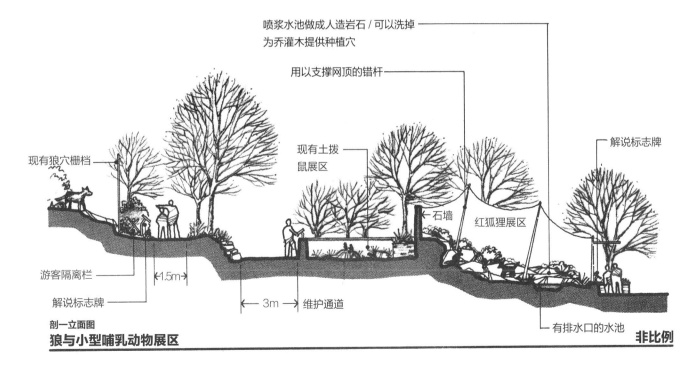

喷浆水池做成人造岩石／可以洗掉
为乔灌木提供种植穴

用以支撑网顶的锚杆

现有土拨
鼠展区

解说标志牌

现有狼穴栅档

石墙

红狐狸展区

游客隔离栏

解说标志牌

1.5m

3m　维护通道

有排水口的水池

剖一立面图
狼与小型哺乳动物展区

非比例

◎练习

每个练习都要加上字迹工整的标题，标题是整体构图的一部分。

6.1 剖面图抄绘

工具：钢笔和 210mm×297mm（A4）的马克纸。

从本章中选一个剖面图进行抄绘，不要描图。

6.2 剖面图创建

工具：毡尖笔和 210mm×297mm（A4）的描图纸。

用下页的平面图画一个剖面图。下页平面图上的一条线段两端有标记了"A"的粗箭头，这是剖切线，标明了剖切位置，箭头指明视线方向。水平和竖直方向都使用 1/4"=1'-0"（1：50）的比例尺。

首先将一张描图纸覆在平面图上，描出剖切线。丁字尺和三角板配合，从剖切线向上画出一排小的垂线，这些垂线位置应与剖切线外的所有景观元素的位置相一致，并在每条垂线上写上标识。取走下衬的平面图，遵照本章开头的剖面图创建方法画出此平面的剖面图。现在假设你画出来的剖切线就是一个广场的水平基准线，在其上下方各画一条 20cm 的水平辅助线。根据平面图上指定的景观元素的高度和深度来完成剖面图。当你已经粗略地画出了植物和人的轮廓线后，把描图纸取下来，用更细腻的纹理全部重新绘制一次更逼真的剖面图，并在纸的背面上色。

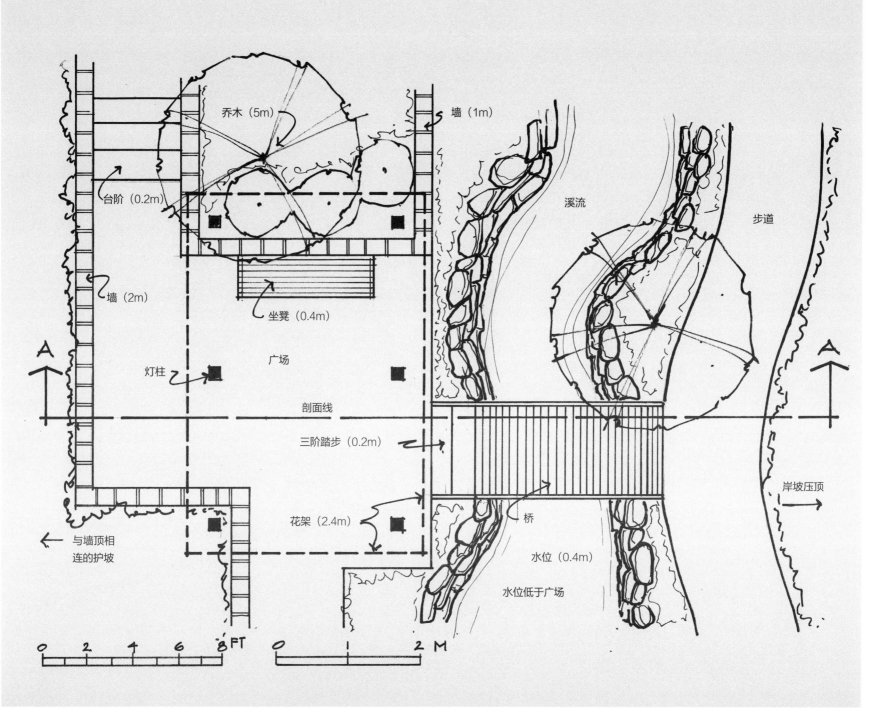

乔木（5m）

墙（1m）

台阶（0.2m）

墙（2m）

坐凳（0.4m）

溪流

步道

灯柱

广场

剖面线

三阶踏步（0.2m）

岸坡压顶

与墙顶相
连的护坡

花架（2.4m）

桥

水位（0.4m）

水位低于广场

A

A

0   2   4   6   8 FT

0   2 M

6.3 有房屋立面图的剖面图

工具：毡尖笔和 297mm×420mm（A3）的防水纸。

描出下面的房屋立面图，注意线宽区分，添加树木、灌木和花卉。房子向左或右稍偏于图纸中心。房子后面高出房屋的乔木要画出来，也可以添加一些小的园林构筑物或湖边木栈道，最后上颜色。

6.4 假想剖面图

工具：毡尖笔和 297mm×420mm（A3）的防水纸。

建议比例尺为 1/4"=1'-0"（1:50）或 1/8"=1'-0"（1:100）。

设想一处自然式景观，并画出剖面图，这处景观的竖向变化要丰富，包括水体、树木、灌木、岩石和人，也可以加一些小的构筑物，但一定要保证整体风格是自然式的。最后直接在防水纸上上色。

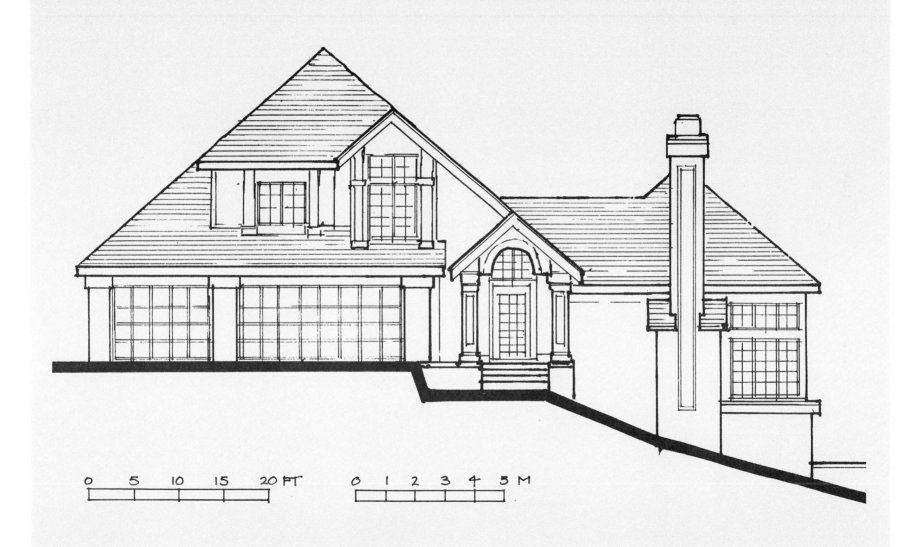

第七章

剖面图和透视图表达图示集锦

本章将介绍剖面图和透视图中常用的图示表达方法。首先向大家介绍乔木、灌木和其他植物的图示符号，然后介绍水、岩石、园林铺装和一些垂直元素（如栅栏和墙）的图示符号，最后教大家画人物和汽车。

这些例子大多强调以简单、省时的绘图技术来实现快速绘图。大多数植被和岩石图示既适用于剖面图，也适用于透视图。其他的图示，如铺装、栅栏、墙壁和水更适用于透视图。等你学完下一章透视图的内容后，再练习这些符号即可。

首先试着抄绘这些例子，可以根据需要改变图示的大小和形状。开始学习的时候，如果觉得有些图示直接抄绘很难，可以先从描图开始找到绘图感觉，领会它们的本质特征。描了一段时间后，你就可以独立完成抄绘训练。再过一段时间，你就可以创作自己喜欢的图示，并渐渐形成自己独特的表现风格。

抄绘训练时要注意每个图示适用的图纸风格。绘图时一定要选用既能充分传递设计意图，又能满足设计时间要求的图示，还要考虑同一张图纸内全部图示的协调统一。下章中将会介绍一些图示的选择原则和综合运用的注意事项。

一定要去探索令人兴奋的色彩王国。不仅仅是给这些图示涂上颜色，还可以将黑白线条图的绘图技巧直接应用于色彩表现。

快速勾勒树木

下面每一棵树都能在 10～20s 内画完，如果你用时超过 30s，则要调整好状态，以放松的心情来画。

根据兴趣调整线宽，还可以增加一些（即兴增加的）点。

把注意力放在树的形态和大小上，而不要过于关注材质。这些图示都是非常抽象的。

这些树的轮廓非常适用于快速方案草图和透视图中的中景或背景表达。

树叶纹理

  下面每棵树的纹理都不相同。选择一个能表达树叶特征的"乱线",然后在树的轮廓线上松散地重复绘制。

表达光照强度

再多花一点点时间，给树添加上纹理，能很好地表现光照方向。此类树例适用于中景和近景。按照下面的步骤进行绘制。

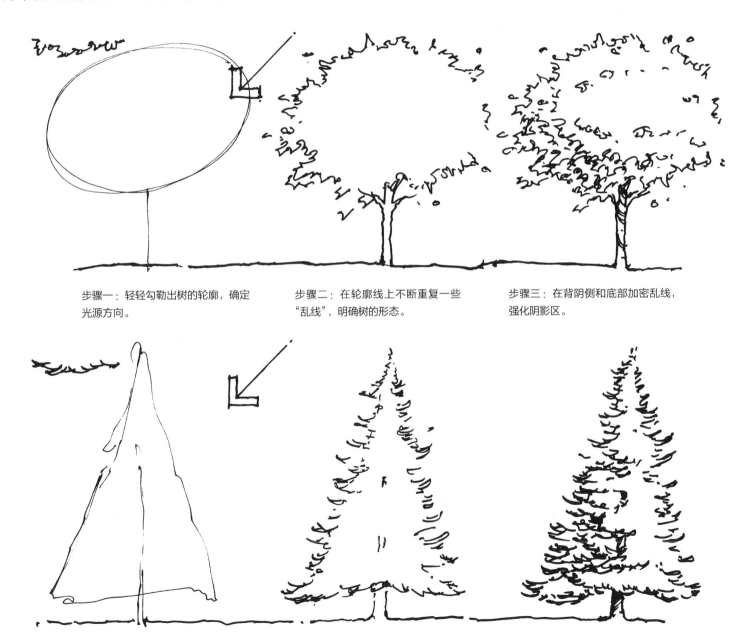

步骤一：轻轻勾勒出树的轮廓，确定光源方向。

步骤二：在轮廓线上不断重复一些"乱线"，明确树的形态。

步骤三：在背阴侧和底部加密乱线，强化阴影区。

材质线小贴士

正确　　　　　　　　　　　　错误

画材质线时应松散随意，方向和尺寸的变化要丰富，要有趣味性。

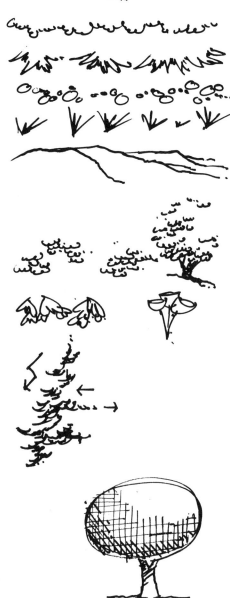
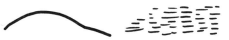

随机画出笔触密度，时疏时密，不能均匀单调。

运用"之"字形笔法来回地画乱线，中间要有一些留白，不能过于严整僵硬。

树的上半部分材质稀疏，用来表达光照方向。

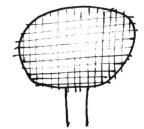

垂枝树

有分枝的树木

　　画有分枝的树木比只画树的轮廓线要费时，但是有分枝的树木真实感更强，更适合彩色表现。

　　树的分枝从主干到树梢一定是越来越细的，树轮廓辅助线有助于确定树梢延伸的终点位置，各分枝应形态各异，不能简单重复。

　　分枝树木适合作为中景元素，透过通透的分枝展示其后的建筑要素也是一个很好的表现方式。分枝树也适合表达冬天的落叶树。

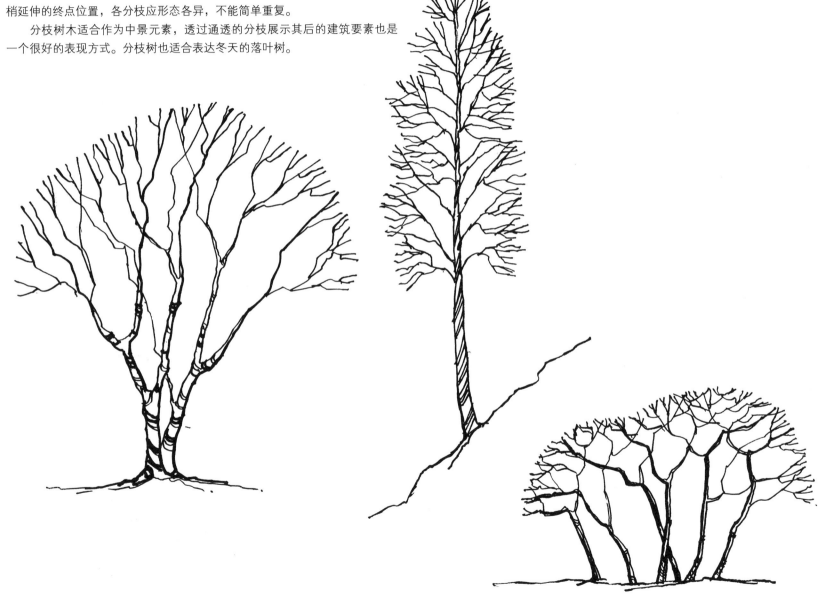

遵照下列绘图步骤

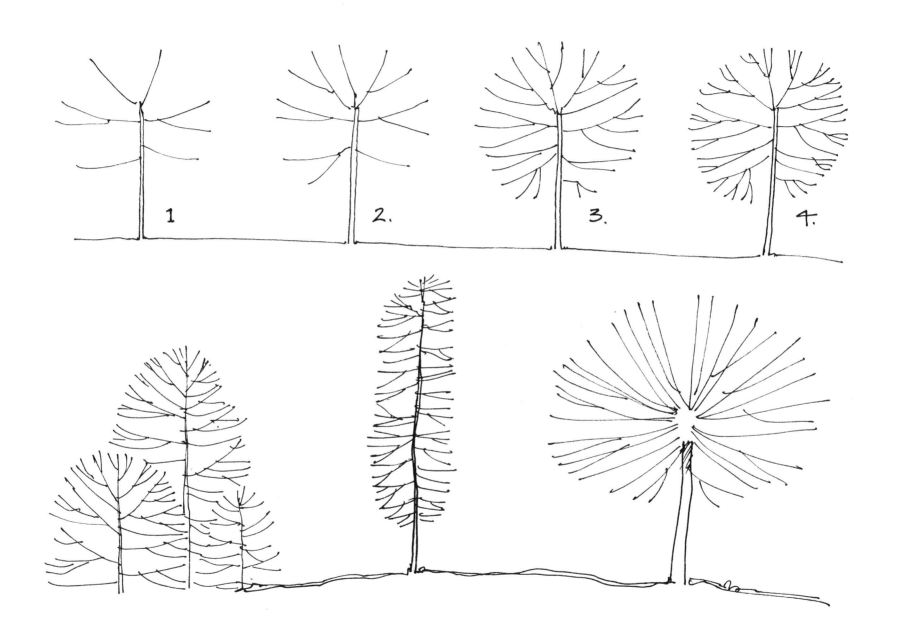

无轮廓的分枝树

有轮廓的分枝树

针叶树

大多数针叶树，如松树、云杉或冷杉，都有尖锐的松针和高低不平的纹理。

针叶树

花、草和地被植物

灌木

棕榈树

前景元素

本页和随后 7 页介绍了绘制前景中的树干、低矮植物、岩石和水的各种技巧。近距离视角下可以看清树皮纹理、单一的树叶、花卉和其他丰富的细节，也可以将元素简化只勾勒出简单的轮廓线。近景时只画出树木下部，树干可以用作景框配合整体构图。

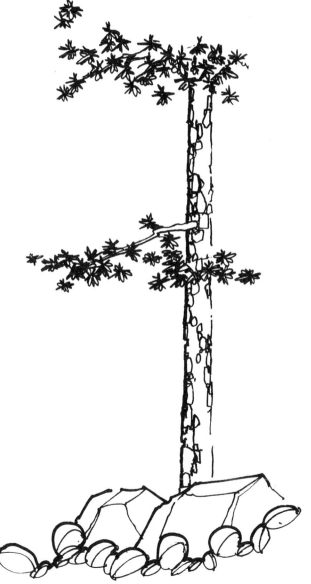

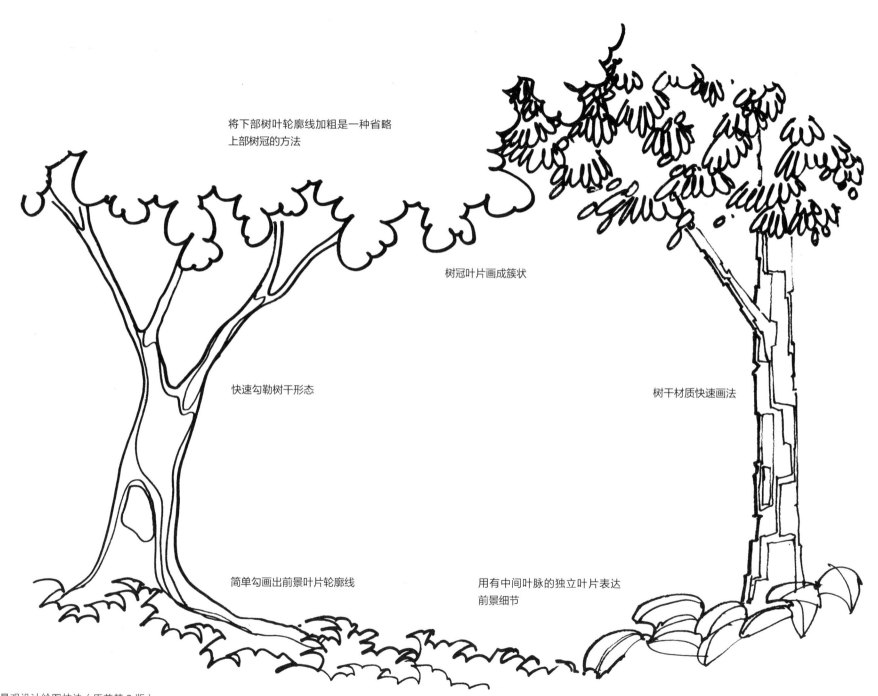

将下部树叶轮廓线加粗是一种省略
上部树冠的方法

树冠叶片画成簇状

快速勾勒树干形态

树干材质快速画法

简单勾画出前景叶片轮廓线

用有中间叶脉的独立叶片表达
前景细节

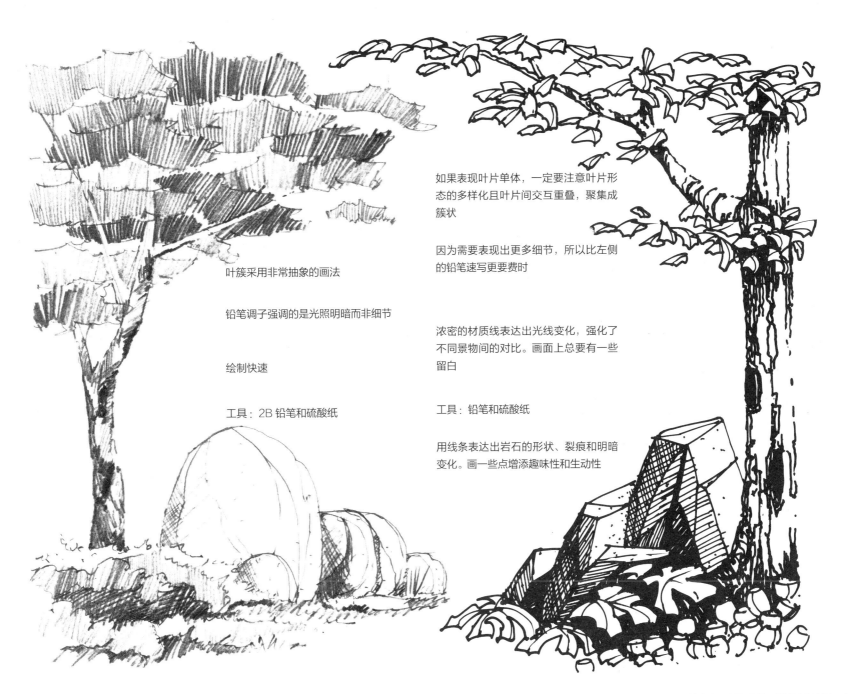

叶簇采用非常抽象的画法

铅笔调子强调的是光照明暗而非细节

绘制快速

工具：2B 铅笔和硫酸纸

如果表现叶片单体，一定要注意叶片形态的多样化且叶片间交互重叠，聚集成簇状

因为需要表现出更多细节，所以比左侧的铅笔速写更要费时

浓密的材质线表达出光线变化，强化了不同景物间的对比。画面上总要有一些留白

工具：铅笔和硫酸纸

用线条表达出岩石的形状、裂痕和明暗变化。画一些点增添趣味性和生动性

工具：2B 铅笔和硫酸纸

光照下的自然水体

阴暗处的自然水体

石

喷泉和倒影池

　　建筑环境中的水可以上色也可以留白。用一系列水平或垂直线构成倒影池。喷泉中的有气泡的水一般不着纹理，而流动的水可以用几条动态线条和圆点来表示瀑布和水花溅落。静水中景物的倒影增加了场地的趣味性。

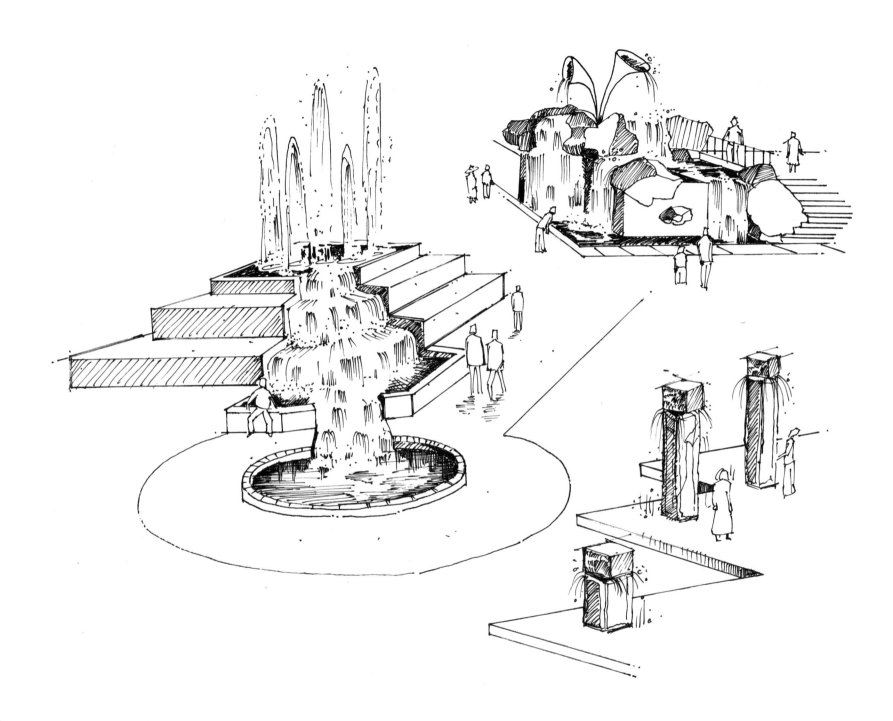

铺装

地平面元素

按近大远小的透视规律画出地表材质。

工具：HB 铅笔和硫酸纸

铺砖路或加工块石路

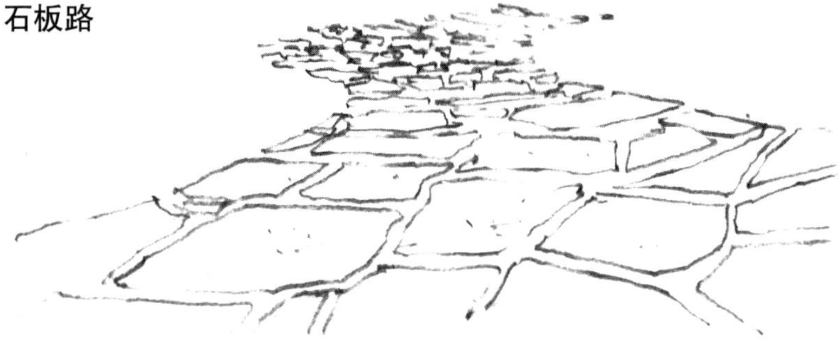

木栈道

混凝土路面

混凝土或沥青路面

石板路

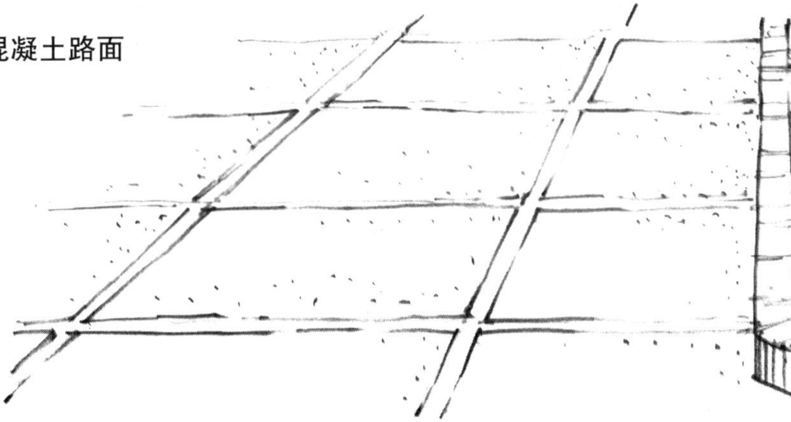

草或地被

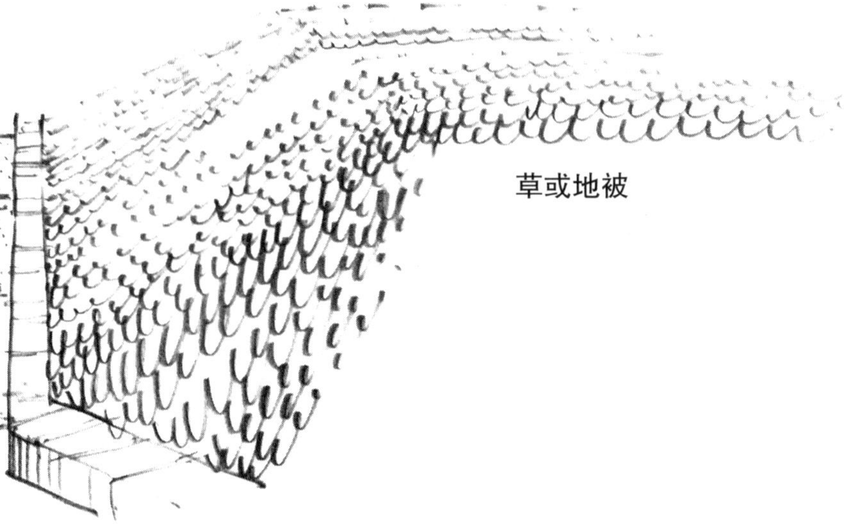

墙和台阶

砖墙

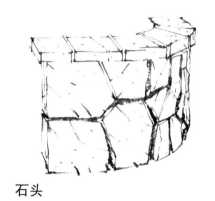

石头

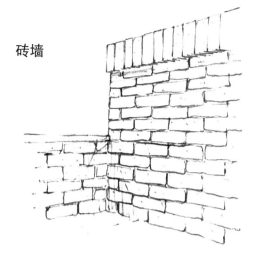

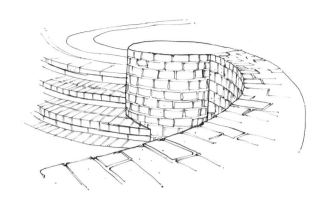

混凝土墙

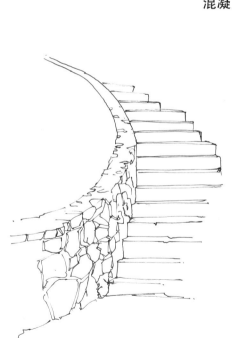

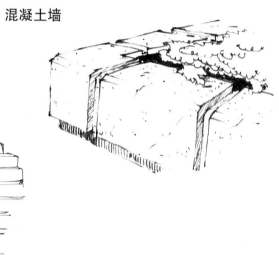

栅栏

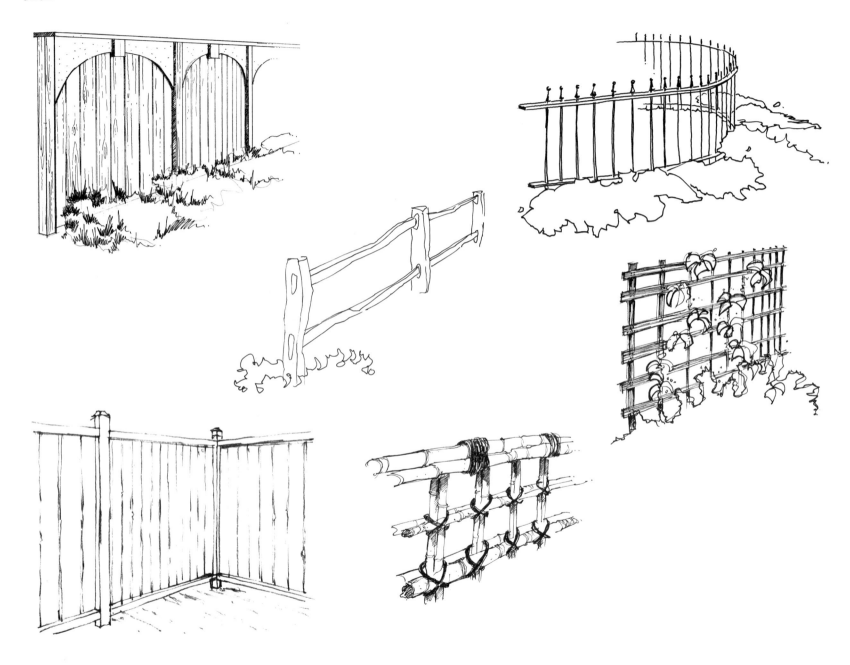

座椅

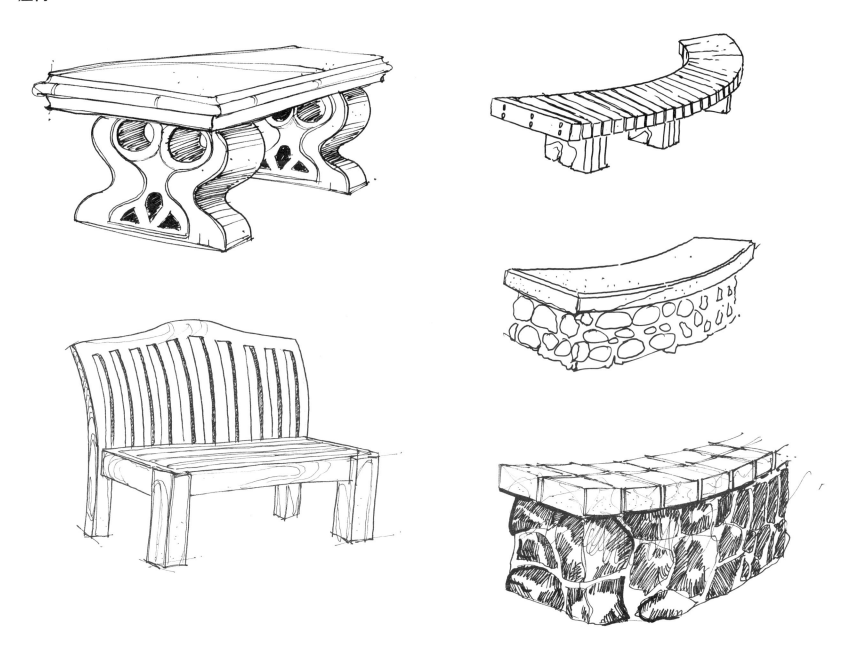

桥

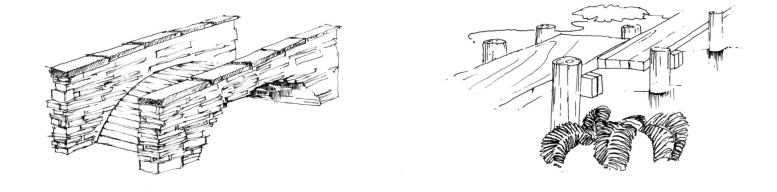

汽车

　　摹绘是画汽车最容易的方法。本节将提供一些剖面图和透视图中常用的汽车图示供大家描绘，因为汽车排列方向不同，所以这里没给出比例尺。2001 年后，小汽车的平均尺寸大约是长 4.6m，宽 1.7m，高 1.4m。紧凑型和经济型汽车明显更小一些，运动型多用途车（SUV）、货车和卡车更大些。根据你的图纸情况画出合适尺寸和排列方向的汽车。可以将汽车图片扫描进电脑中，再调整成合适的大小，也可以用复印机缩放汽车图片。因为汽车的风格、款式不断变化，所以我们可以从最新的汽车杂志上选取自己想要的类型，形成自己的汽车图片库。

更多的汽车图片

人物

剖面图和透视图中总是要画人物。人物让图纸表达的环境充满生活气息，同时也暗示这是一个良好的设计空间。以人物作为参照，我们能获取有关场地功能、尺度和情绪等信息。

情绪

图中的大多数人物应以与他人交流的状态出现，尽量让他们看起来快乐、放松，给人以想参与其中的感觉。

功能

图中的人物不管是坐在矮墙上、上楼梯，还是其他与环境的互动关系，都突出了环境空间能够提供一些有趣的功能。

尺度

我们已经习惯以人的身材为参照来快速估计出周围其他物体的尺寸。图纸中有了人物形象后，能立即判断出空间是小型的、亲密型的，或是广阔型的、宏伟型的。

人物画法

画人像很难，因为人体形态复杂，并且画得稍有扭曲便很显眼。动笔之前，教给大家一些基本的人体比例关系。

用马克笔在地平线上做个记号，从此点垂直向上量出人体高度，并在头顶位置再做个记号，并将此高度 7 等分。最上面 1/7 为头部，然后画躯干，腰部以上占身高的 3/7，下面 4/7 为下肢。

男性

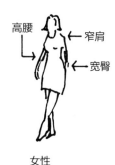

女性

高腰　窄肩　宽臀

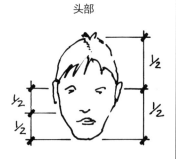

头部

绘画来源于生活

想要画好人像手绘需要大量训练才能实现。坐在拥挤的公共场所，认真观察并速写周围人的不同体态是非常好的练习方法。

人物描绘

画好人物的一个捷径是描绘杂志、照片或其他图片上的人像。P151 将指导你如何布局和构图。P152 是一些供描绘的人像图档，可以根据你的图纸比例将其缩放后使用。

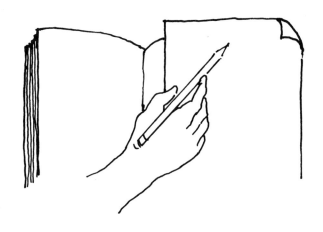

布局和构图

　　透视图中，当视平线或水平线 1.5m 高时是最接近人的真实视觉感受的。大多数站立的人的眼睛都在视平线上，如果图中人的眼睛偏离了视平线，那就意味着人所在的地平线发生了变化，如儿童或坐着的成人。绘图人员可以通过在背景中添加小一些的人物来增强画面的景深和距离感。在学习完下章透视图后，大家将会对以上内容有更深刻的理解。

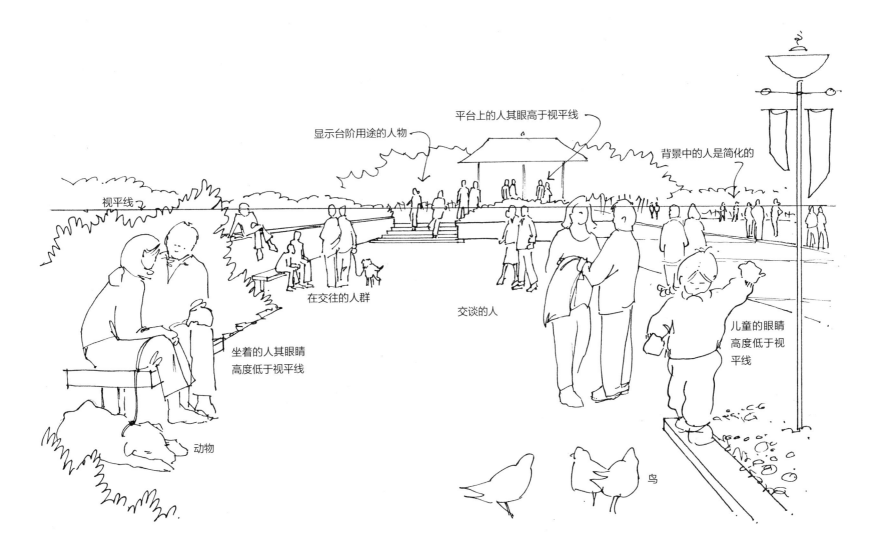

显示台阶用途的人物

平台上的人其眼高于视平线

背景中的人是简化的

视平线

在交往的人群

交谈的人

坐着的人其眼睛高度低于视平线

儿童的眼睛高度低于视平线

动物

鸟

◎练习

7.1 快速画树

工具：钢笔和任意大小描图纸。最好把这个练习当成一种放松方式，而不要过多在乎最终的绘图效果。如果多人在做这个练习，可以由一人拿秒表记录下每个人需要的时间。练习开始前先读一下下面的绘图说明，并在规定时间内完成练习。画的所有树木约7cm高。找到你想要抄绘的示例摆到面前，准备开始练习。

a. 2min 内画出带有叶片纹理细节的树，并用材质浓密不同区分出向光侧和背光侧。

b. 1min 内画出带有分枝纹理的分枝树。

c. 30s 内画出一棵树的轮廓，轮廓由变化丰富的叶片纹理线组成。

d. 5s 内画出树的简单轮廓和树干。

现在你应该理解这个训练的意图了，找不同形态的树木重复这个练习。来点快节奏的背景音乐如何？

7.2 前景图示

工具：钢笔和 210mm×297mm（A4）防水纸。

创作一个包含两棵前景树干和几个前景植物的构图。

7.3 石景

工具：中等粗细（HB 或 B）铅笔和 210mm×297mm（A4）拷贝纸。

抄绘书上的石块和岩石示例，画满整张纸。

7.4 人工水景

工具：中等粗细（HB 或 B）铅笔和 210mm×297mm（A4）拷贝纸。

使用尺规作图和徒手绘图两种方法，抄绘书上的人工水景。

7.5 小汽车和卡车

工具：钢笔和 210mm×297mm（A4）牛皮纸或描图纸。

以不同大小描绘各类汽车，画满整张纸。

7.6 人物

工具：钢笔和 210mm×297mm（A4）牛皮纸或描图纸。

在图纸中间画一条细水平线作为视平线，描出不同尺寸和体态的人像，但一定保证每个人的眼睛在视平线上。

第八章
透视图

透视图是对空间和对象物进行贴近真实景象的描绘，以显示出其三维品质。本书第五章和第六章的平面图和剖－立面图在表达空间的水平关系和竖向关系上最为合适，可以在图上进行测量。然而，它们却不能很好地显示空间的深度，在描述前进、穿过或者围绕一个空间的体验上的作用非常有限。

透视图可以传达出这种深度。它能表达出空间围合的品质、私密感或开放感；它也能显示空间、时间和光的关系。透视图能预测空间中的视觉趣味点，如阴影、倒影、纹理、色调和形式，这些在平面图、剖－立面图中都是难以表达的。因此，透视图很少需要标记、备注和抽象符号。

透视图作为设计工具，以其快速、概略和含糊的草图形式出现。掌握透视图方法并将其作为自己设计过程的表达方式的设计师通常能完成最好的设计。对设计过程最有价值的绘图往往能串联更多图纸或者指出哪些地方需要改进。

本书中的透视图方法重在快速、容易上手，以鼓励读者能自信地利用透视图尽早地、经常性地在设计过程中将设计创意的三维想法表达出来。不要担心刚开始的透视图粗糙、空洞、失真、不尽如人意。接受它，然后修改、更正、优化。按照本书方法勤练，你会越来越得心应手。不需要很长时间，你绘制的透视图就会传达出更多真实感。

在理解了透视的基本原则后，推荐大家利用计算机和相机来进行正式透视图的绘制。现在 CAD 软件可以利用平面图和高程数据快速生成透视图，并且还有功能非常强大的色彩和阴影渲染程序。设计师由于要进行不同的设计任务，在这些软件的使用上没有专门的绘图师用得多。计算机生成和渲染的透视图可以更为逼真、可信。不过有些客户，仍然偏爱带有手绘感觉、略显随意的透视图。

本章后面介绍并整合了计算机和手绘方法的透视图画法。这些方法充分利用了计算机的快速和精确，同时又为个人手绘风格的发挥留有余地。

透视图作为正式的展示图纸，用在设计完成后，具有很强的说服力。这些图纸比平面图更容易让客户理解设计方案。对于小型的、低预算的项目，本章中介绍的方法足矣。对于和大公司或公共事业机构合作的大型项目，需要更为精确的、精美的彩色渲染图。用手工绘制这些渲染图需要更多的时间，不过通常也是值得的。

◎一点透视

请做练习8.1，这是研究本部分之前帮你快速建立透视中尺寸度量的方法。

基本术语

首先，我们来了解一下常用术语。

a. 在一张白纸上用丁字尺绘制一条水平线，将其标为水平线或视平线（HL）。

b. 在视平线上标记一个点，即灭点（VP）。

c. 然后围绕视线灭点绘制一个矩形，横线与水平线平行，竖线与水平线垂直。

d. 连接矩形四角与视线灭点。这些斜线为透视线，也就是空间的边线。

e. 再绘制一个小点儿的矩形，使得其四角落在透视线上。这就是一点透视中的基本参考线。

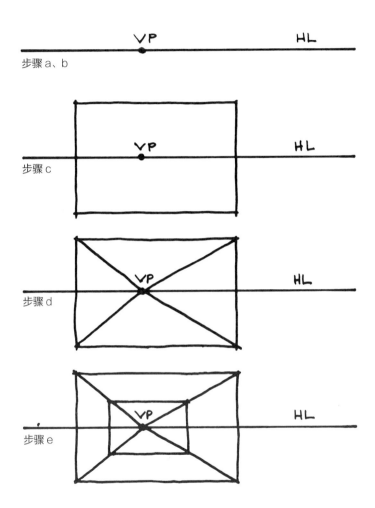

f. 绘制一个人物，使其眼部大体位于视线灭点上。注意图中的地面线和地面。

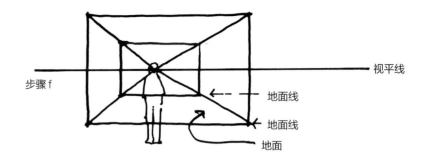

步骤 f

视平线

地面线

地面线

地面

右侧为显示上述一点透视的侧视图或剖面图。 视线为一个假想的位于观者眼睛和水平线上视线灭点之间的线。观者的位置称为站立点。

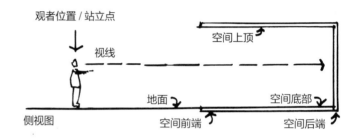

观者位置 / 站立点

视线

空间上顶

地面

空间底部

侧视图

空间前端

空间后端

一点透视中需要注意的几个方面：

所有与视线平行的线条都向水平线上的视线灭点汇集。

所有的水平线在透视图中仍是水平的。

所有的竖直线在透视中仍是竖直的。

现在可以做练习 8.2：空间中立方体的一点透视。

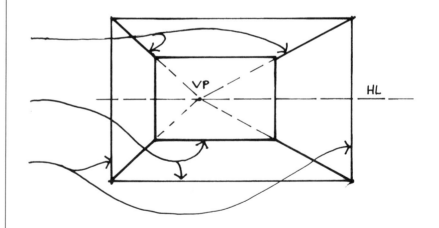

VP

HL

人体作为高度参照

画一条水平线，然后绘制几个大小不同的人物，每个人物的眼睛都位于水平线上。假设空间中的地面高度一样，这样的话，无论绘制的人物多大，每个站立人物从脚到眼睛的距离均是1.5m。一个可以快速估计空间中任何地方上物体高度的方法就是用那个位置的人体高度作为参照。例如，一个3m高的墙体大约相当于两个人从脚到眼处距离叠加的高度。一个舒适的坐凳高度应该略少于人体1/3的高度。这种度量方法在后面计算透视图中的高度时也可以用到，称为比例法。

地面线作为高度参照

这个方法仅仅适用于一点透视，不适用两点透视。以地面线作为高度参照比以人体作为高度参照更加快速和精确。

从任一物体的底部或底角，绘制一条向左或向右的水平线，根据地面网格划分，计算下这条线段对应的水平距离。将其旋转90°呈竖直向上方向，所对应的高度和该线的水平长度相同。采用相同的方法，将其旋转90°呈竖直向下的方向，就能以之为参照获知该位置地面以下要素的高度。这个方法尤其适用于视平线远高于1.5m的鸟瞰图中。

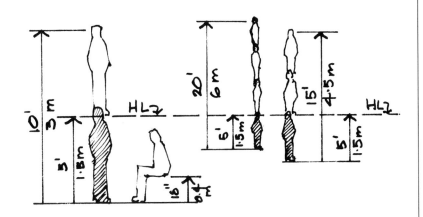

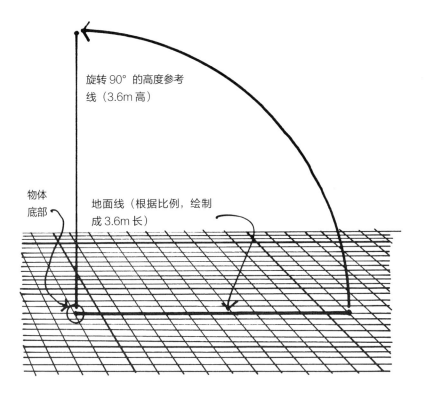

旋转90°的高度参考
线（3.6m高）

物体
底部

地面线（根据比例，绘制
成3.6m长）

透视模板（一点透视）

手工绘制透视图最好的辅助工具就是事先准备的透视模板。下图的透视模板（可以放大或缩小）有助于理解一点透视。两点透视的模板将在之后介绍。

通常的一点透视模板有三种线：水平线、竖直线和透视线。一点透视也被称为平行透视，因为所有的水平线都是平行的。这种模板中的地面是网格状的图案，代表了以基本距离单位为边长的正方形。

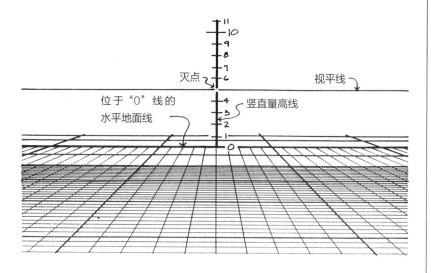

在上图的例子中，一个方格代表边长 30cm 的正方形，每隔 3m 的线条会加粗。这个模板已经按照透视规律设定好，可以看出地面网格近大远小。

透视空间由三个维度组成：宽度、深度（与观者的距离）和高度。绘制宽度和深度可以使用图中地面的网格。对于高度，可以使用附录中的竖直量高线或刚才介绍的比例法。

建议你用上面的一点透视模板，根据右侧的建筑入口处初步设计平面图绘制出它的透视图。具体绘图过程如下。

步骤一：在平面图中绘制网格，这个网格的尺寸应该与透视模板中的网格相同或是整倍数关系。平面图中的网格可以是 1m、2m 或 3m 大小。

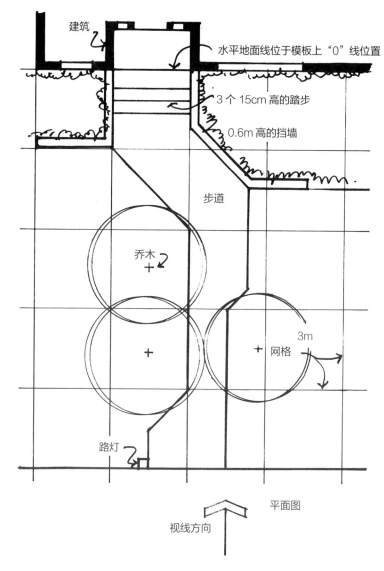

步骤二：使网格以及视线方向垂直于平面图上的主要线条，如建筑立面。调整站点的左右位置以取得最佳构图。

步骤三：将平面图转绘到透视网格中。当安排建筑平面在透视图的前后位置时，开始时可能会有小的错误或尝试。下图中所示的平面图位置，你可以看出在 1.5m 视高的透视图中的建筑平面比俯视时的建筑平面收缩了很多。

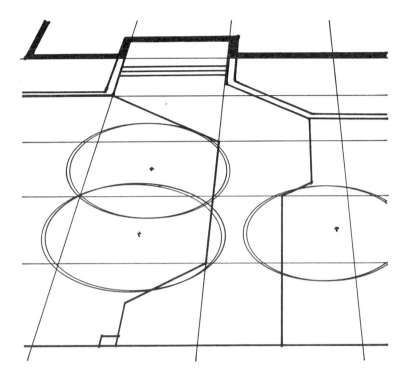

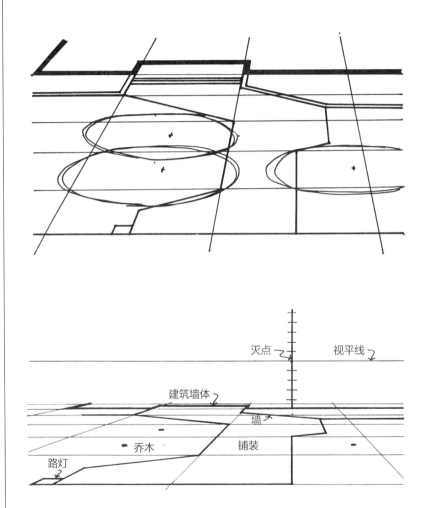

步骤四：一旦平面线条按透视规律绘制好后，开始从物体边缘向上或向下绘制竖直线条。采用比例法或附录中的竖直量高线标记其高度。根据前述的一点透视规律绘制所有物体的外轮廓线。

步骤五：绘制人物和其他轮廓线，然后再蒙上一层描图纸，重绘时略去需要隐藏的线条和辅助线。

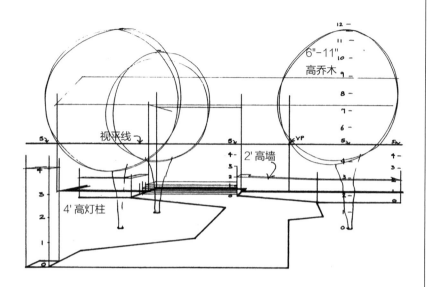

做练习 8.3，并与 8.1 进行对比。

需要更多练习一点透视，可以试试练习 8.4 和 8.5。

◎ 两点透视

与一点透视中只有一个灭点不同，在两点透视中有两个灭点，左灭点（LVP）和右灭点（RVP）。这种透视图更有动态感，表现力也更强。一点透视适合画街景和其他线性空间，其表现得更为静态，与我们通常看到空间的方式不太一样。

绘制简单长方体，需要 3 种类型的线条。

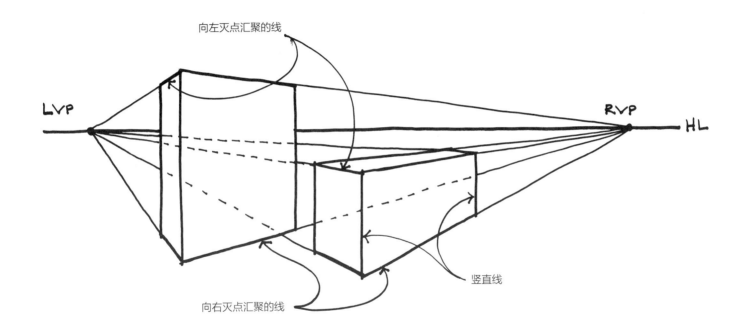

向左灭点汇聚的线

LVP

RVP

HL

竖直线

向右灭点汇聚的线

透视模板（两点透视）

　　绘制两点透视也可以采用相应的模板。在美国，两点透视模板以 Dick Sneary 出品的为佳。

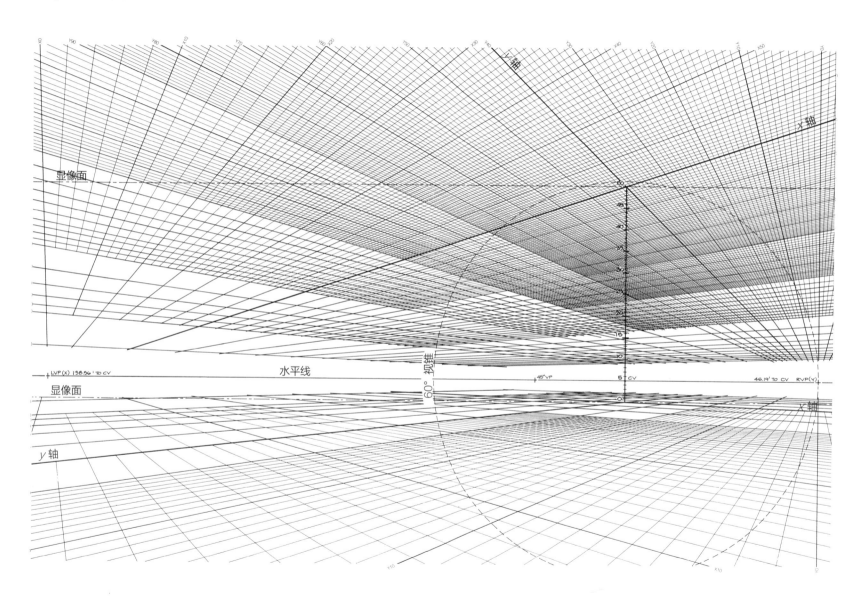

另一个非常好的模板系列由 ZEICHENWERK 出品。

将平面图转绘到透视模板时，两点透视和一点透视方法相同。还有一种非常棒的方法，即在透视网格上不受平面图限制直接设计三维形体。

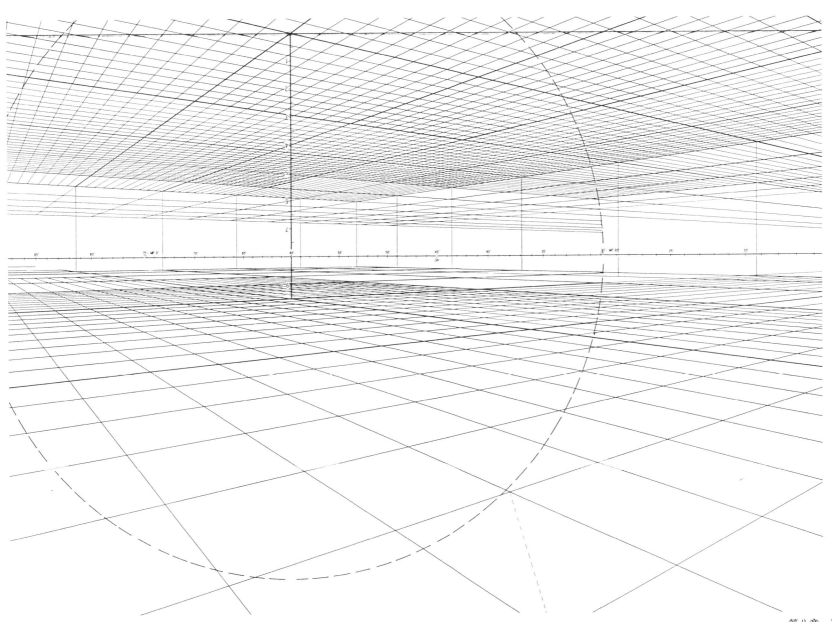

可以尝试在透视模板上绘制视线高度超过 1.5m 的透视图。这样会形成鸟瞰景观的视图。Dick Sneary 的透视模板，采用标准的度量方法，可以转化为视平线高度为 13.5m 的透视网格。ZEICHENWERK 出品的透视模板，为米制单位，可以将视平线高度设定为 1.5m、4m、8m 和 16m 的高度。视平线越高，可以看到的平面空间越大，就像是在观看带有相对高度的各元素的平面图。

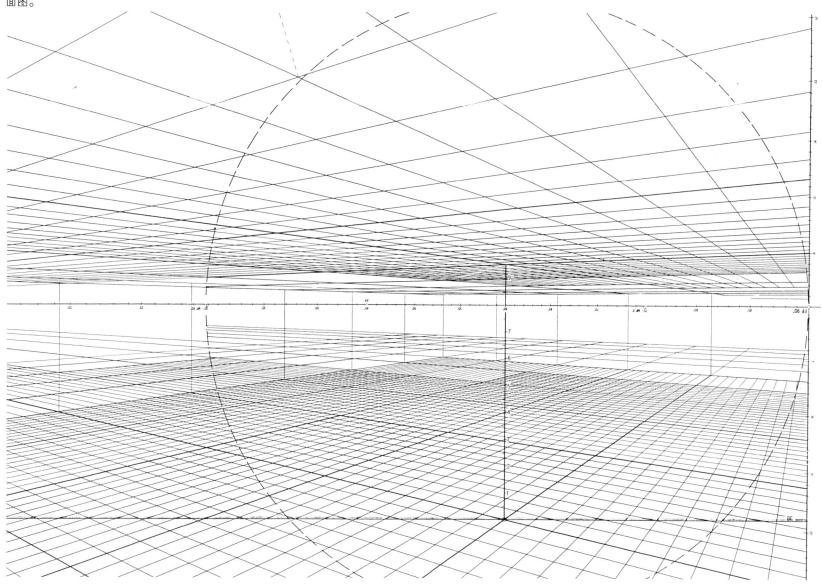

可以用它绘制练习 8.7 中的两点透视

鸟瞰图

　　虽然鸟瞰图没有正常视高的图显得真实，但是可以显示场地更多的细节。

图中的焦点区域有更为详细的表达和更强的明暗对比。

俯瞰图

　　俯瞰图在山地区域中可以显得很真实，它使得设计者能够表达平面图中的大部分元素。

　　草图中部合适的暗色调强化了焦点区域，在边缘处则转化为白色空间。

前景中的树木遮挡了部分
中景，并框出草图范围

左侧的山崖和树木起到平衡
画面构图的作用

简化的背景元素

前景中路上的阴影使得观者目光停留在图中

留白空间显示了有反光效果的水体

◎ 使用数码相机绘制透视图

　　鸟瞰或斜视是从远高于 1.5m 高度处观看到的视景。不过这种图仍有很强的可信度。此处介绍用数码相机斜拍平面图，然后将物体立起来。首先决定重点表达的部分和视线的方向。虽然视高越高，越能更多地表达出平面图的内容，但绘图时未必需要把整个场地在透视图中都呈现出来。绘制一个网格，使得其中一个轴线垂直于视线的方向。如果平面图的比例尺大约是 1 : 100，那么使用 3m 的网格比较适合，然后根据比例尺绘制网格。

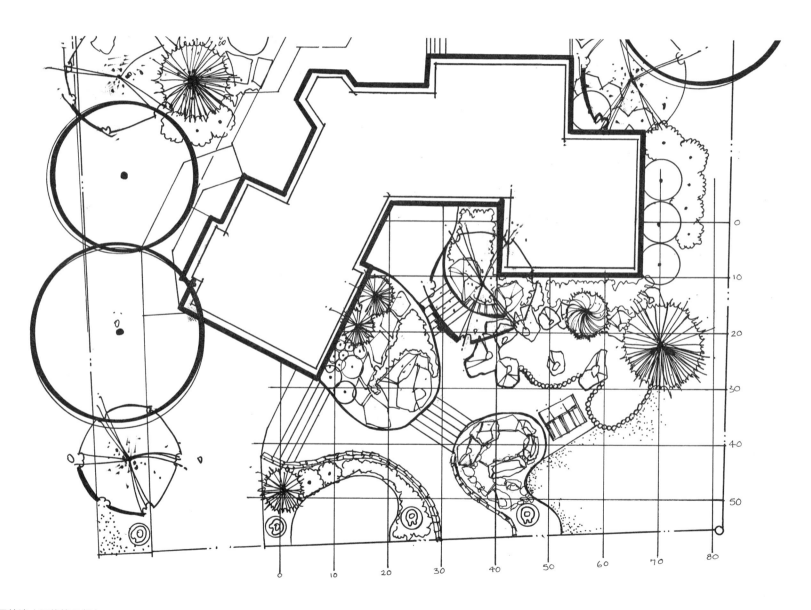

将平面图放在一个水平的平面上，用数码相机，从水平方向开始以不同的角度拍照。一般来说，30°和45°效果最好。将照片导入计算机后，根据最终的图纸大小调整照片的大小。

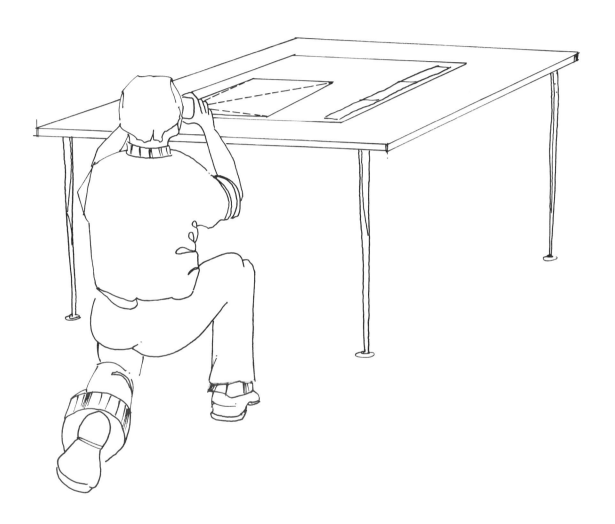

选择一个角度合适的鸟瞰照片，打印出来，用来作为透视的底图。注意，
平面图上平行的网格在照片上呈现相交的趋势。

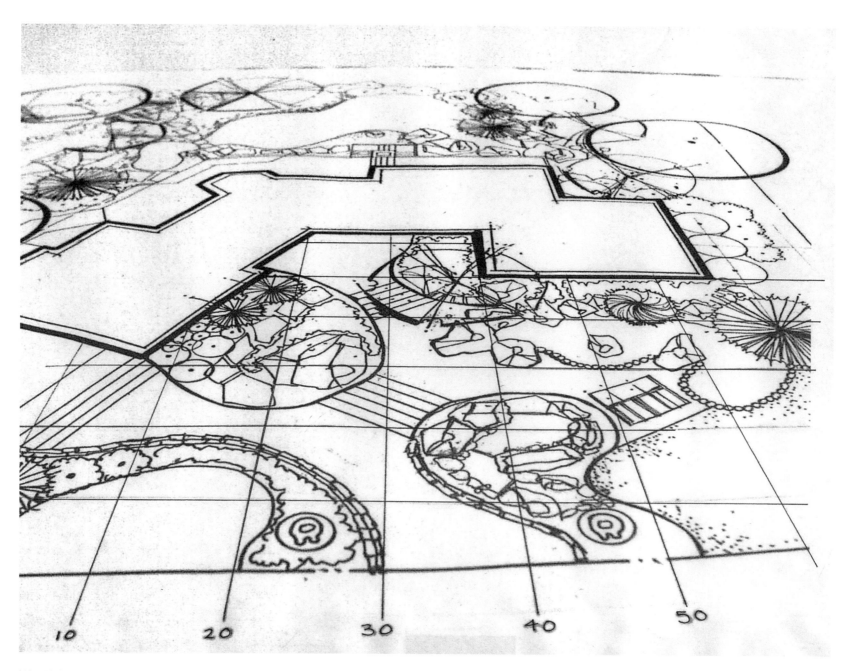

蒙上描图纸，摹绘平面主要要素的轮廓。在本例中，我们已经选择了从最上层的地面开始画。在建筑的角点，使用水平网格线作为该处高度量取的参考。 这些竖直线的高度必须要与靠近特定角点处的 3m 水平线呈一定比例关系。本例中，假设每步台阶高度为 17cm，我们从台阶的端点往下绘制了 1m 的竖直线作为一个 6 步台阶的下沿。

现在将蒙在上面的描图纸竖直地向上轻移，直到台阶的下沿与鸟瞰图中对应的台阶平面线重合，然后绘制中层空间的图。本例中，中层空间中有水体和石景。

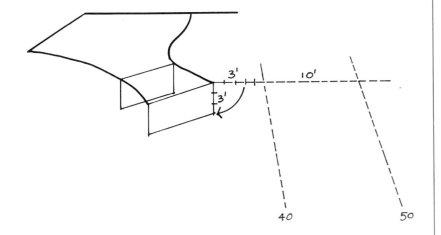

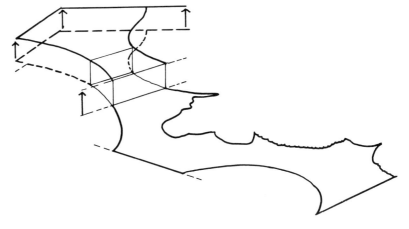

台阶画法

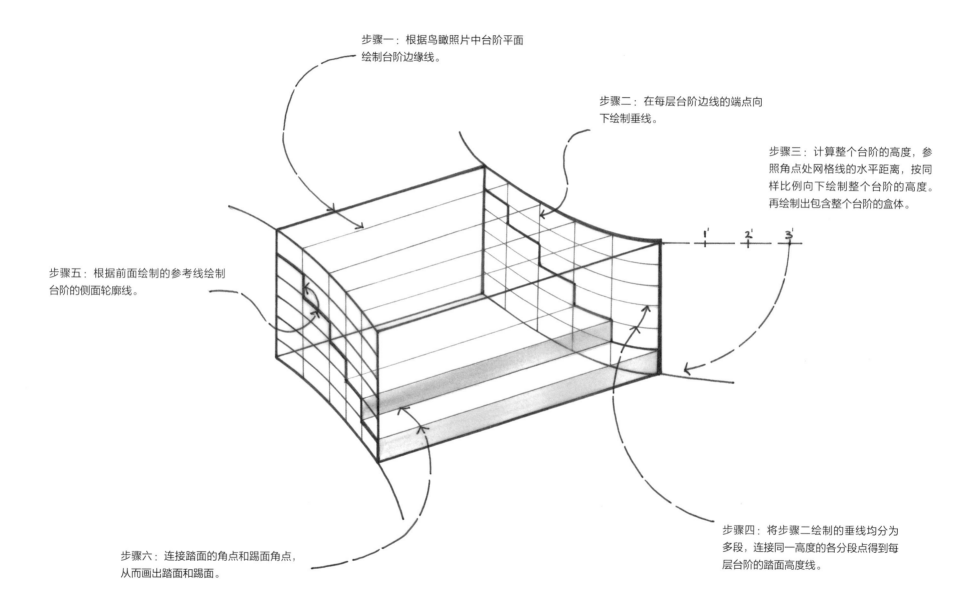

步骤一：根据鸟瞰照片中台阶平面绘制台阶边缘线。

步骤二：在每层台阶边线的端点向下绘制垂线。

步骤三：计算整个台阶的高度，参照角点处网格线的水平距离，按同样比例向下绘制整个台阶的高度。再绘制出包含整个台阶的盒体。

步骤五：根据前面绘制的参考线绘制台阶的侧面轮廓线。

步骤六：连接踏面的角点和踢面角点，从而画出踏面和踢面。

步骤四：将步骤二绘制的垂线均分为多段，连接同一高度的各分段点得到每层台阶的踏面高度线。

如果需要，重复前面的步骤，画出设计中不同高度的空间。本例中还有
一个台阶，需要向下平移描图纸绘出下层空间。

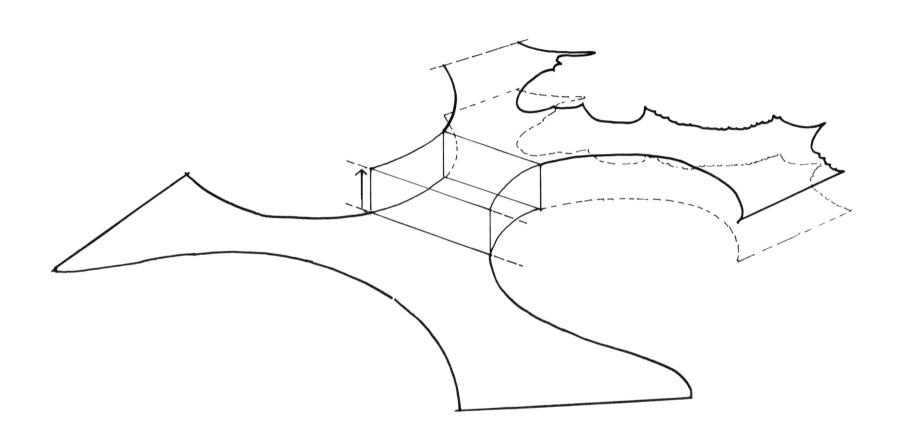

根据网格上对应的水平距离，量画出所有物体的竖向高度，完成线框图。本例中，箭头表示的是植物的大体高度。如果延长地面线，所形成的交点（通常会超出图面范围）就是位于视平线上的灭点。灭点和视平线都可以用来确定透视图中物体的形状。

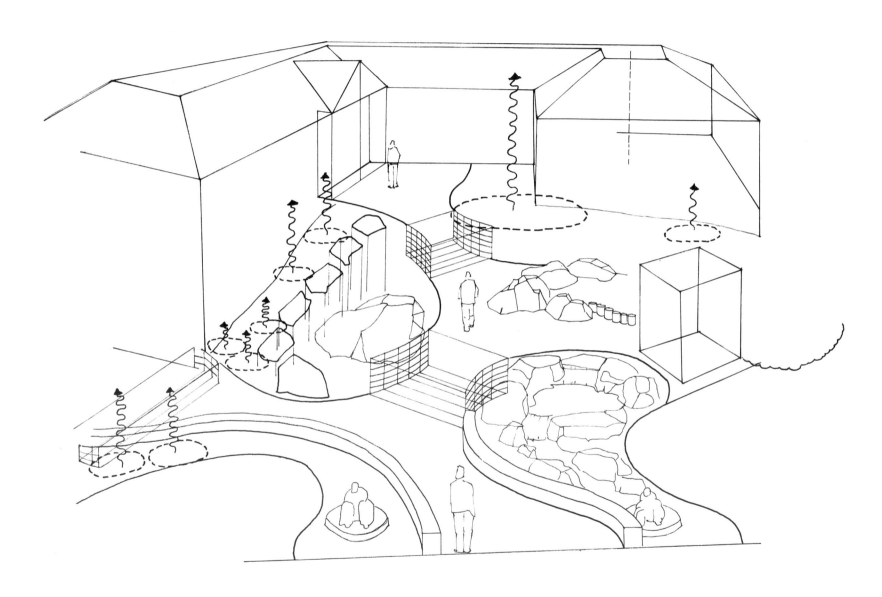

增加形态、纹理和人物以完成该草图。

◎利用计算机线框图绘制透视图

很多设计师采用 3D 计算机软件来进行透视图绘制。下图是一个居住区项目或企业园区的入口的初步设计平面图，需要绘制一个正式的透视效果图。

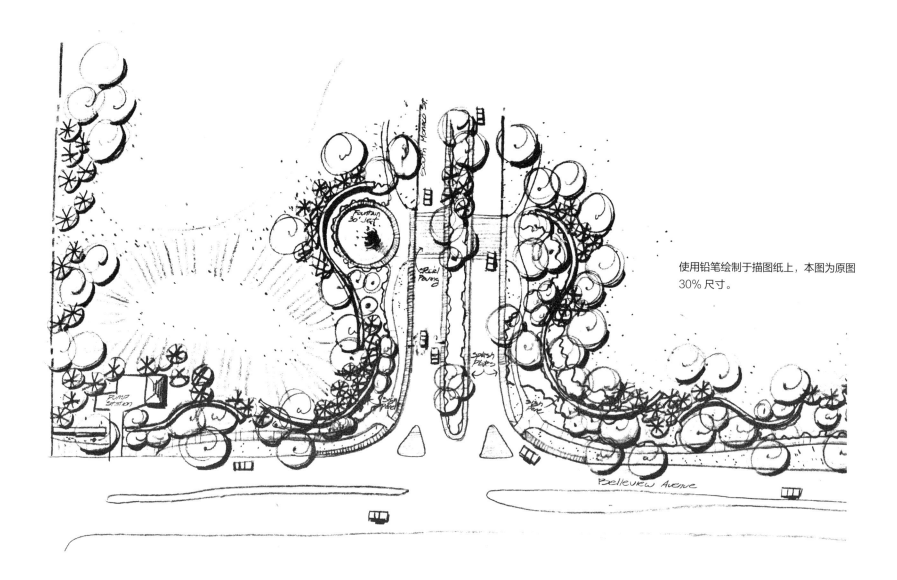

使用铅笔绘制于描图纸上，本图为原图 30% 尺寸。

将平面图在计算机中绘制好。绘制一个覆盖场地的格网，输入高度信息，如地形、建筑物和景观构筑物的高度。

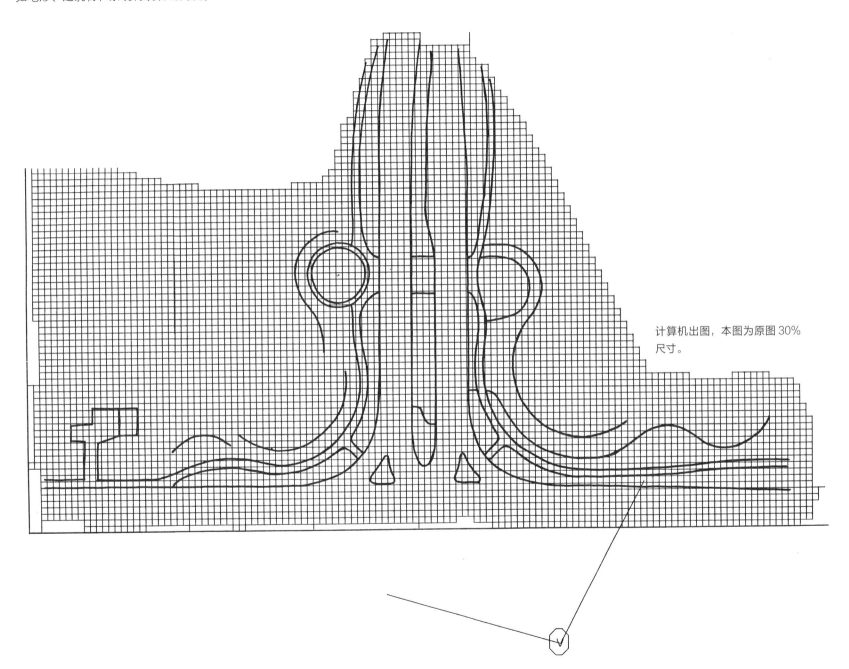

计算机出图，本图为原图30%尺寸。

在软件中可以方便地选择视高和视线方向，然后按照合适的大小打印线框。了解线框中物体的高度非常重要，因为这些高度用来作为其他元素（如人和树木）的参考。 另外，可以将视线和其超出地面的高度包括在图中。上面两种方法都可以用来计算新绘制物体在图中对应的大小。

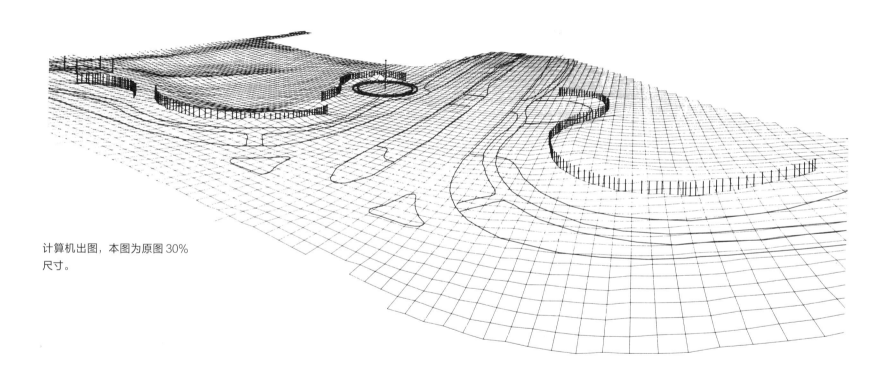

计算机出图，本图为原图 30%
尺寸。

在打印出来的线框图上蒙上描图纸。由于计算机完成了最为困难的技术步骤，现在用本书其他部分提到的手绘技巧可以高效地令这幅透视图更有生机。可以参考之前透视图构图部分内容中的图示符号来添加明暗部分和阴影等。

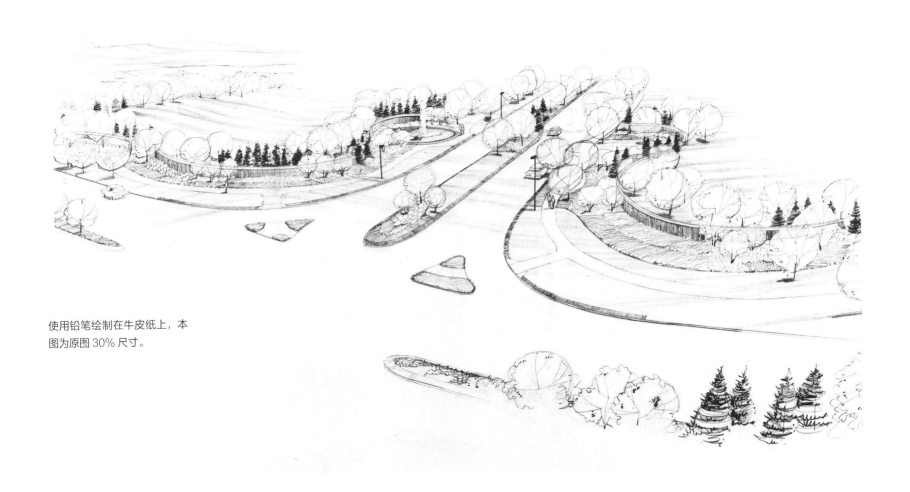

使用铅笔绘制在牛皮纸上，本图为原图 30% 尺寸。

以下 4 页展示了用计算机生成线框图绘制透视图的步骤。设计场地是一个小花园。

花园的简化平面

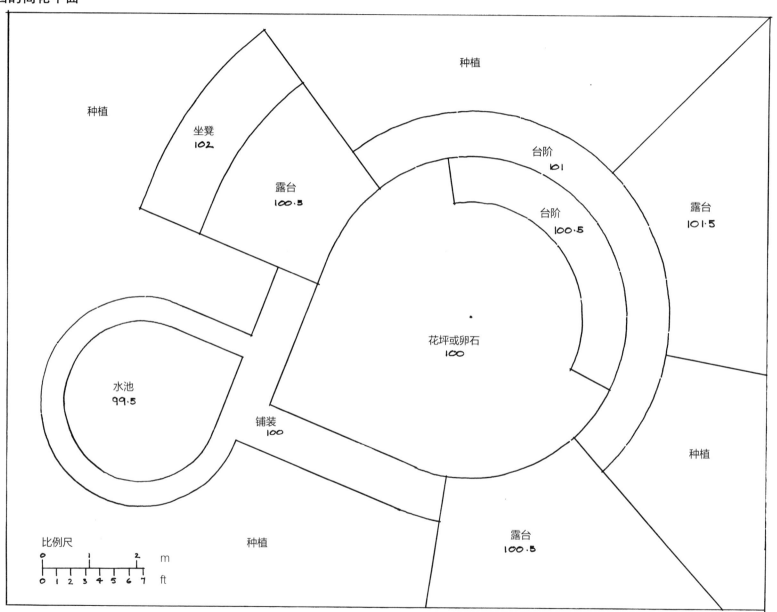

种植

种植

坐凳
102

露台
100.5

台阶
101

台阶
100.5

种植

露台
101.5

水池
99.5

花坪或卵石
100

种植

铺装
100

种植

露台
100.5

比例尺

0   1   2   m

0 1 2 3 4 5 6 7   ft

計算机生成的线框透视

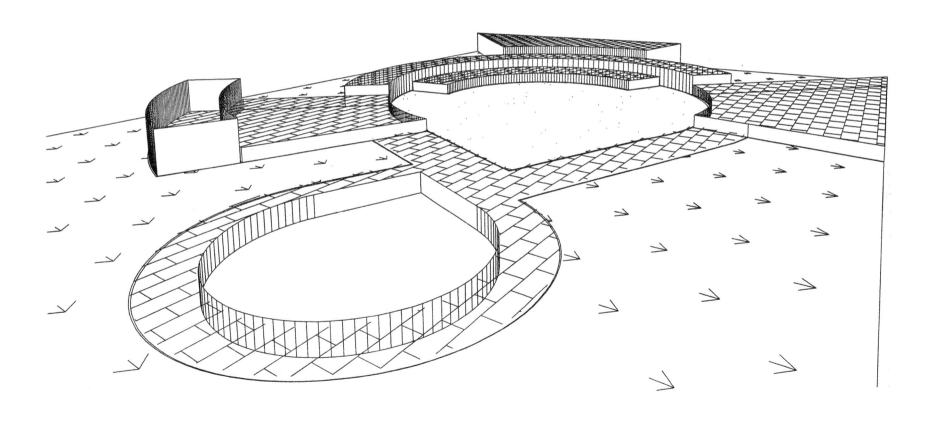

◎透视图中的构图

构图是关于画面元素间及其与整个空间或画面的相互关系。

如下的构图原则可以单独使用，也可以结合起来作为改善透视图的方法。练习每种原则，然后在绘图时决定用哪些原则来更好地传达信息。

平衡

远近关系

有选择地润色

用面围合

实与虚

明暗关系

轮廓线

收与放

● 平衡

画面平衡与视觉焦点的位置选择有关。如右图 A 所示，用直线将画面在水平和垂直方向分别 3 等分，图上将有 4 个交点，这 4 个点也是安排视线焦点的最佳区域。如果将主要的视觉焦点放在图上的动态区域内，画面会形成动态的、灵活的平衡。动态区域也是最吸引看图人视线的区域。

如果焦点区选择在这些 1/3 区域外，会因过于临近边界而影响画面的平衡感。

如果将视觉焦点放在画面正中心，就会形成一种规则的、静态的平衡效果；如果焦点处的图像是对称的，这种效果将更加突出。此种布局方式适合绘制规则式空间的透视图。

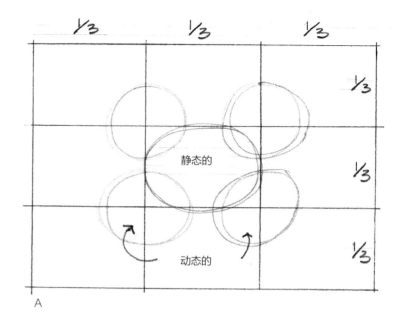

A

B

● 远近关系

通过合理组织前景、中景和背景元素，可以增强室外空间透视图的真实感。

a. 距离越远，物体越小。

物体大小与距离成反比，这是透视图的基本原则（图 A）。

A

b. 距离越远，物体的间隔越小。

与近大远小的道理相同，为了让物体看起来更远，就要将物体水平和垂直方向的线条排布得更密（图 B）。

B

c. 越远的形体越简化。

位于远处的物体更小，挤得更紧，因此很难以和前景同样的详细程度来描绘。因此，近处的物体可以描绘得很精细，而远处的物体需要非常简化（图 C）。

C

d. 层叠的形态。

当远一点物体的一部分被近一点的物体遮挡时，空间的深度感和真实感就会增加。不要试图完整地画出所有的元素，一个石堆只需要画出每个石头的一部分，一排树只需要画出每棵树的一部分即可（图 D）。

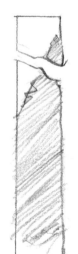

D

● 有选择地润色

右图故意没有按照书中 P189、P190 讨论的远近关系来绘图，而是选择了最为重要的区域或物体进行详细绘制。例如，前景、背景和边缘要素可以用粗略的轮廓线勾绘，看上去好像还没有画完，而中景或焦点元素则要详细表达。

这个可以称为"焦点强化"或者"边缘淡出"。

用面围合

一个透视图可以被看作是由3类主要的面构成：地面（如铺装、地被植物）、竖直面（如墙体、树干、植篱）和上顶面（如树冠或花架的下沿）。当这3类平面都很突出地表达出来时，就会形成很强的围合感。在透视图中，即使其中一类面只是暗示出来，也会显得比完全忽略这个面更有趣味（图A）。

A

实与虚

描绘仔细的簇、团与相邻的留白空间对比可以增加画面的趣味和亮点。应避免均匀地布置线条和调子，尽量使线簇的数量和空间显得随机（图B）。

B

●明暗关系

a. 色调对比。

通过明暗之间的突然变化可以形成有趣的、突出的对比。在暗处安排光线可以强化每种形式的边界，使其更加引人注意（图A）。

A

b. 用相同的调子形成"消失—发现"边缘的效果。

图中个别位置可以通过让明亮处紧邻明亮处，或者暗处紧邻暗处来消除反差，这是很有趣的。这样可以使物体的边缘看似消失了。因此这种图可以吸引观者，用其想象力寻找丢失的边缘。用略去的线条可以使边界模糊或者消失，以形成"消失—发现"边缘的类似幻觉（图B）。

B

●轮廓线

轮廓线画法常用来作为精细绘图的起稿。有时它们也可以作为终稿，以概括地显示出重要空间限定元素。它们可以快速画出，不过缺乏精细渲染图中的纹理和调子趣味（图A）。

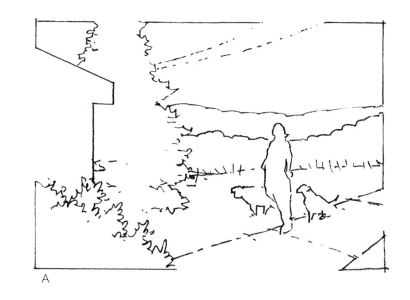

A

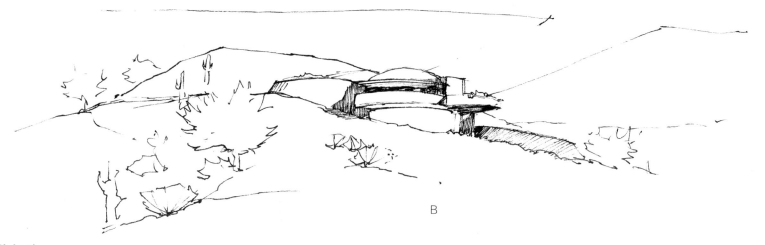

B

●收与放

围合式构图即"收"，使画面完全容纳于画面边缘或者边界线。开放式构图即"放"，看上去超出了边界，或者没有明确的边界，即所谓的"边缘淡化"方法。如果想达到更明确限定空间的效果，围合式构图最为合适。如果想尝试达到疏朗、无垠的效果，试试开放式构图（图B）。

◎ 表达光影

在绘制纹理和调子前，一定要先确定光线的方向。最容易的方法就是假设光从左上或右上侧照过来。

背光面

所有的物体都有背光面、向光面以及由于物体结构不同导致的各种中间色调。我们在表达光线如何照射物体时，其实也在表达其形状和材质。

在背光面采用更密的线条描绘。光滑的表面适合用软铅笔斜向画线，细笔的交叉线也很不错。为了表达出有特殊肌理的自然物或建筑物表面，选择与之特征对应的线描图案。例如，表达叶片可以用一系列圆圈线，而带点的线条用来表达针叶树。相似的，可以用向上的、带点的地面线条表达草地，圆圈线表达卵石，或者简单的水平线表达光滑的铺地。

调子的渐变可以暗示出平的或有圆角的圆滑表面。调子的突然变化则意味着有棱角的形态。

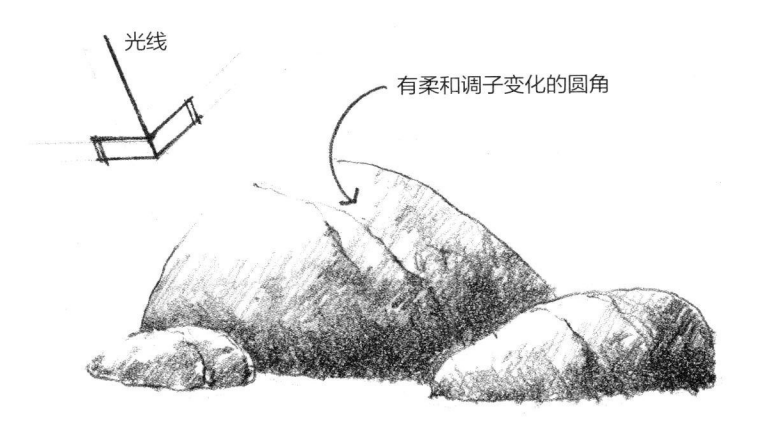

光线

有柔和调子变化的圆角

在大部分情况下，光线都会反射。这也就意味着平坦的表面也很少有完全均一的调子。你可以用这种方式来增加表面的趣味，强化同一物体之间阴影和非光照面之间的对比。

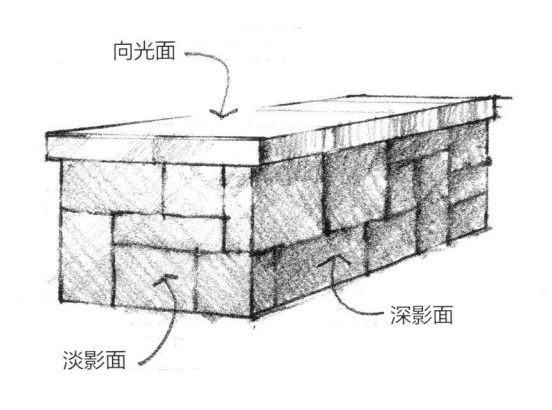

向光面

深影面

淡影面

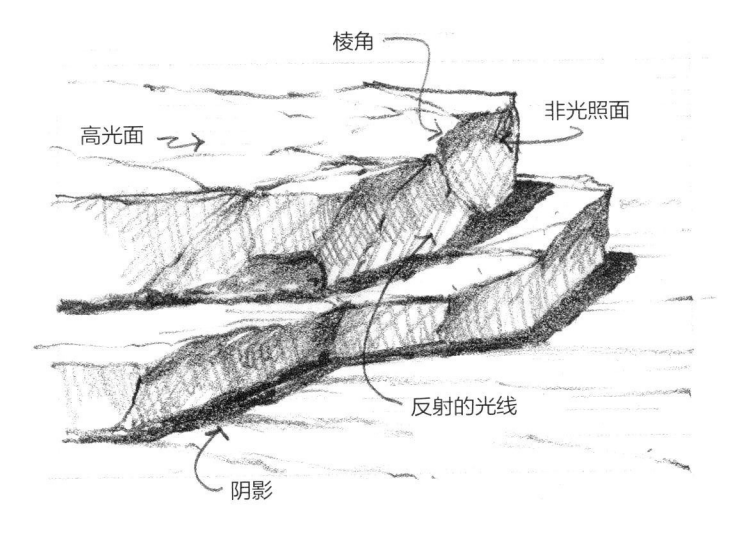

棱角

高光面

非光照面

反射的光线

阴影

阴影

光线受到其他物体的阻碍，导致物体表面形成较暗的区域称为阴影。本书中，我们不教授如何精确地绘制阴影的形状。物体之间相叠的阴影更为复杂，我们仅仅采用整体的简化方式，从而使得阴影显得较为逼真。

对于水平地面上的简单形体，其阴影外缘与遮挡光线的物体边缘线消失在同一个灭点。阴影的长度取决于物体的高度。低矮物体如花坛、坐凳的阴影应该很短，而两倍于此高度的物体的阴影应该有两倍长度。现在从物体的底角绘制平行线，确保这些线条与水平线相近。在绘制其他遮挡光线边缘线时，可能需要增加相应的视线消失线。

对于植被和其他自然元素，确保阴影保持相同的水平方向，将阴影绘制在很窄的范围内。

水平向阴影

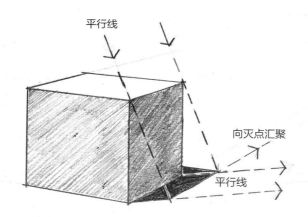

避免沿树的下端向下绘制阴影。再次提醒，注意使阴影的高度与物体的高度保持一定的比例关系。

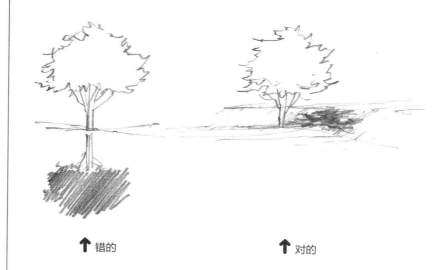

↑ 错的   ↑ 对的

用阴影表达出地面形状。当阴影落在竖直面、坡面或者起伏表面时，绘制阴影形状的变化可以表达出不同的坡度、起伏和高程的变化。

在有阴影的表面上，用线条绘制出地面或阴影物体的材质。

粗糙的

光滑的

◎练习

8.1 透视前期练习

工具：毡尖笔，297mm×420mm（A3）描图纸。

不要参考任何图像，绘制当你位于下图空间中的视景。其平面图如下：

左上图为一条铁路。设想你正位于一条穿越平坦的一望无垠的沙漠的铁路轨道的中间，当然没有火车驶来。

右上图为一个有墙的院子，你站在距离外缘大约6m的位置往里看这个空间。3堵墙都是6m长、3m高。

8.2 空间中的立方体：一点透视

工具：毡尖笔，297mm×420mm（A3）描图纸。完全手绘，在图纸中间绘制一条平直的水平线。在画面中心位置附近标记出灭点。在纸上水平线的上方和下方的不同位置绘制不同尺寸的正方体。猜测正方体的背面位于何处才会使得其像一个正方体。其正面和背面应该相距很近，并且当正方形距离灭点越远，前面和后面的距离越大。用钢笔绘制出其背面的边缘和其他向灭点汇集的可见边缘。

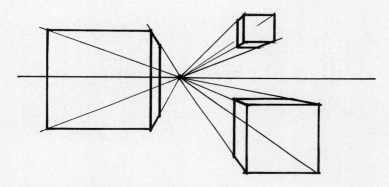

8.3 在一点透视模板上练习简单庭院空间

工具：毡尖笔，297mm×420mm（A3）描图纸，用直尺辅助，结合手绘。

绘制一个6m宽、6m长的三面由高度为3m的墙体围合的庭院。

按如下步骤绘制：

步骤一：将描图纸放在一点透视模板上，绘制视平线和灭点。

步骤二：根据地面网格线绘制庭园墙角线，使得开放的那侧位于网格的最下端。绘制时按照上述要求绘制墙体，并使墙体厚度为0.3m。

步骤三：沿墙角向上用铅笔绘制竖直方向的辅助线。

步骤四：使用比例法确定其中一角上的墙体的高度。按照一点透视的原则绘制墙体的上沿。

步骤五：增加空间中一些元素的粗略轮廓：两棵6m高的树和一个1m高、1.5m宽、任意长度的方盒子。通过画出一个站立在该位置的人作为参照，来绘制空间中的这些元素。无论绘制的人物大小，其总是代表1.5m左右的高度。新的元素可以按照人物尺度来倍增或折减。在空间中再画一些人物。

步骤六：擦除隐藏的线。再覆上一层描图纸，重绘该庭院并略去应该隐去的参考线。

8.4 喷泉庭院：一点透视，正常视高

工具：毡尖笔，420mm×594mm（A2）牛皮纸或马克纸，直尺和手绘结合。

绘制下图所示的喷泉庭院的透视图。使得空间的前缘大约比视平线低6cm。采用竖直量高线来确定高度。在绘制终稿时忽略人物和植物。可以从配景图库中复制配景。

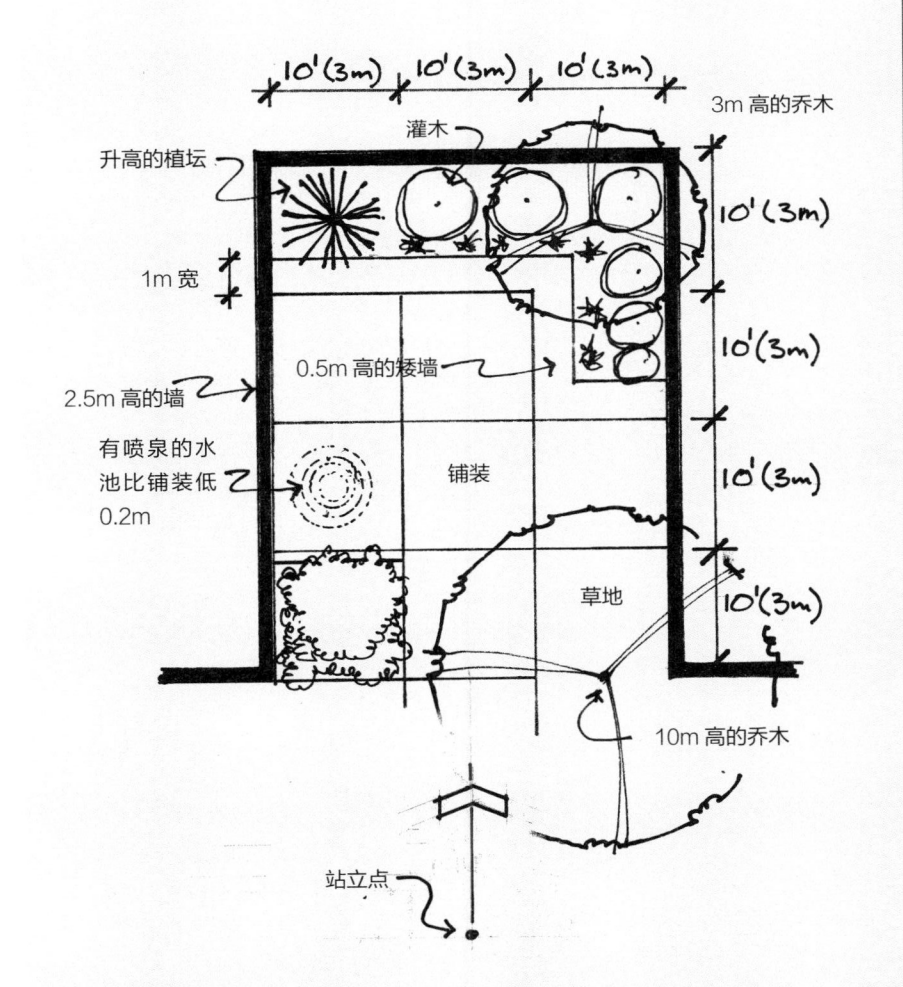

8.5 水景庭院：一点透视鸟瞰图

工具：毡尖笔，420mm×594mm（A2）马克纸，直尺辅助，手绘完成。

利用一点透视模板，将视平线设定为8m高，在下面绘制水景庭院的透视图。根据绘制的透视图的大小，前部空间（0线位置）比水平面低15~23cm。用粗略的乔木、灌木、坐凳和人物轮廓可以遮挡部分铺面、墙体和构筑物。注意人的高度应该是地面和视平线之间距离的约1/5。其他物体的高度可以通过相应位置的水平网格线来确定。

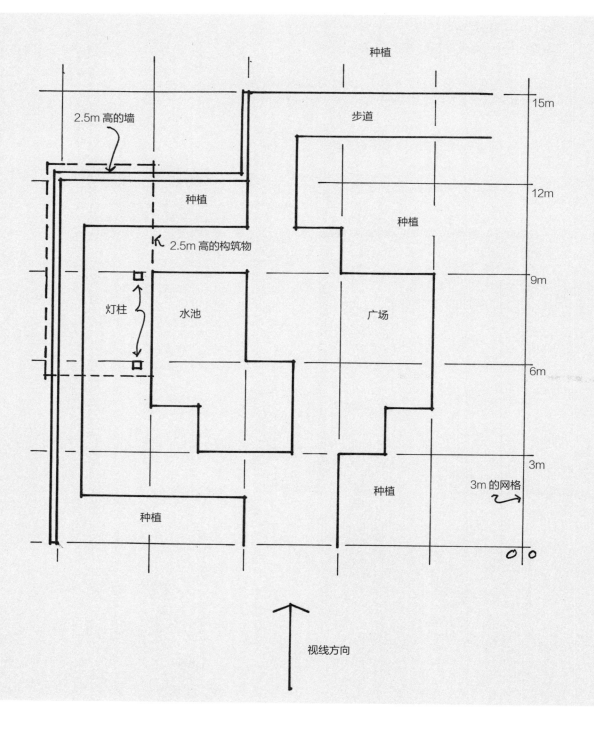

种植

步道

2.5m高的墙

种植

种植

2.5m高的构筑物

灯柱

水池

广场

15m

12m

9m

6m

3m

种植

3m的网格

种植

0 0

种植

视线方向

8.6 空间中的盒子：两点透视

工具：毡尖笔，297mm×420mm（A3）描图纸上。

在图纸中间徒手绘制一条水平线。在纸的边缘处分别点出左灭点和右灭点。用铅笔和直尺画出经过两个灭点的放射线。绘制 6 个空间中的盒子，2 个位于地平线上，2 个位于地平线下，2 个与地平线相交。每个盒子都从竖直线开始画，分别向左右绘制上边和下边的透视线，然后猜测盒子的背面在什么位置。此处的盒子不一定是正方体。注意盒子中间不应该有地平线穿过，然后把每个盒子的可见边缘加黑。

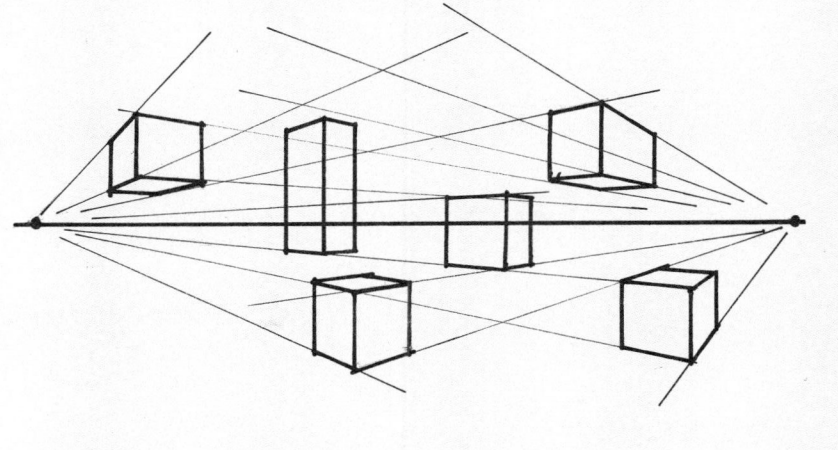

8.7 用模板绘制几何形体：两点透视

工具：铅笔和毡尖笔，420mm×594mm（A2）描图纸。

本练习的目的在于熟悉两点透视中如何确定物体的位置和高度。选择一个视高 1.5m、左侧为 60° 角透视线的两点透视模板（建议模板：Sneary，全幅两点透视模板；或者 Lawson 7#；或者 ZEICHENWERK，全幅两点透视模板），将描图纸蒙在上面。下面的平面图显示了这 4 个几何形体的位置。首先用铅笔确定每个形体下沿在地面的位置。然后从角部向上画竖直线。使用前面介绍的比例法确定高度，然后根据左、右灭点绘制透视线。最后再蒙上一层描图纸，用钢笔重绘，略去应该隐藏的线条。

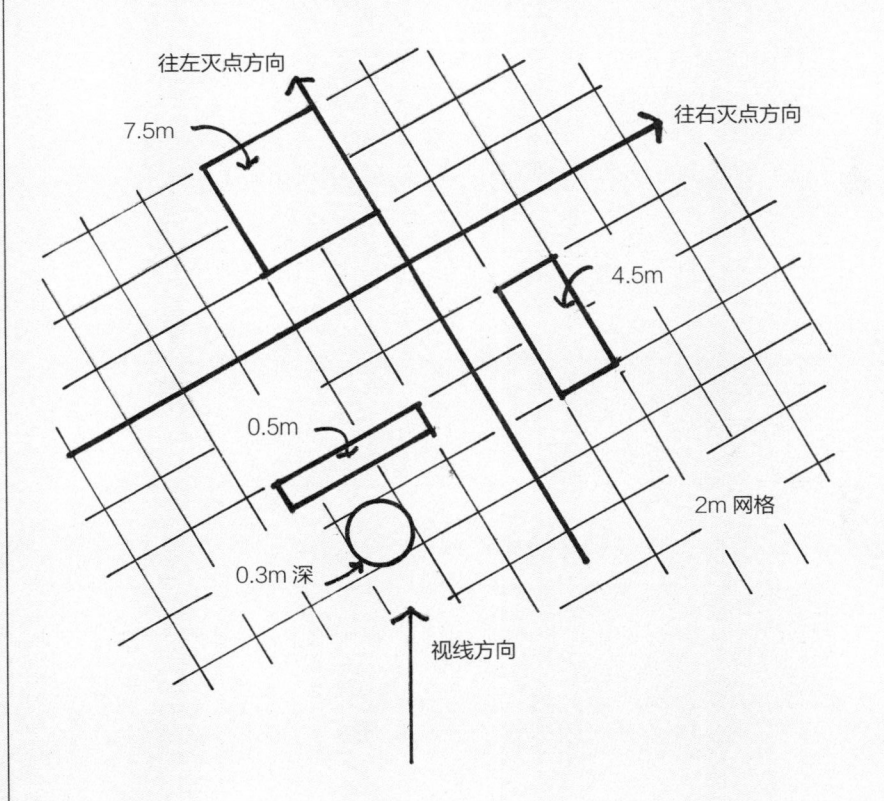

8.8 相机辅助绘制透视图

工具：钢笔，马克纸或硫酸纸。

选择地面标高有些变化的场地平面。根据剖面的方向，借鉴前文"使用数码相机绘制透视图"来完成一张透视图。

8.9 计算机辅助绘制透视图

工具：钢笔，马克纸或硫酸纸。

用计算机生成的线框图画透视图，参考前文"利用计算机线框图绘制透视图"。最好在线框图上能显示视平线和至少一个灭点。弄清视平线与地面之间的高差。这个练习可以允许在正确高度的位置有所变化和进行调整。

8.10 明暗调子

工具：软铅笔（4B），钢笔，210mm×297mm（A4）复印纸。

绘制2个2cm×16cm的矩形轮廓。对矩形每隔2cm划分一次。每个矩形都按照从黑到白绘制明暗调子。上面的矩形采用软铅笔，用柔和笔触绘制。下面的矩形采用毡尖笔，用交叉线绘制。

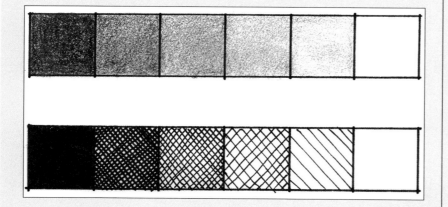

8.11 有阴影的物体

工具：中等硬度铅笔（HB或B），210mm×297mm（A4）复印纸。

绘制如图4个几何形体轮廓。箭头代表光线方向，绘制物体上的阴影。使用交叉线或柔和笔触的方法绘制每个表面上的明暗调子。

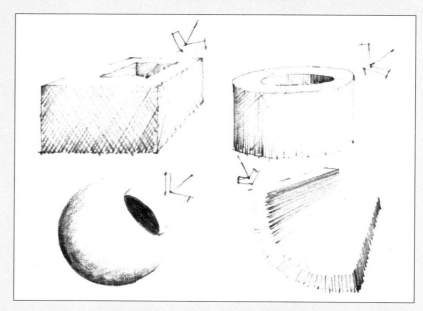

8.12 纯调子绘图

工具：软铅笔（4B），210mm×297mm（A4）复印纸。

选择一个形态简单的体块或玻璃物体，不用轮廓线，仅仅用明暗调子绘图，用调子变化来表达边缘、形态和反光。

8.13 消失的卵圆形

工具：软铅笔（4B），210mm×297mm（A4）复印纸。

尝试不同的远近关系。

绘制视平线，并在其中一端标出灭点。画出两条透视辅助线以限定出卵形的上边和下边。在两条辅助线之间以越来越小的形状、越来越近的间距和叠合向远处绘制多个卵形。

擦除每个卵形应该被挡住的边缘线。

现在假设光线从左上方射入，为每个卵形增加渐变的调子，越远的卵形调子越轻。

蒙上一层描图纸，用纹理线绘制暗处，越远的地方越简化。

8.14 有阴影的立方体

工具：钢笔，210mm×297mm（A4）复印纸。

在视高为 1.5m 的两点透视模板上，绘制一个 30cm×30cm×30cm 的立方体。假设光线从左上方向你照射过来。在右侧绘出窄的阴影，在左侧绘出更窄的阴影，根据前文中关于阴影的知识绘制。用线条绘制每个表面的调子，要表达暗部、阴影的明暗关系，正方体的上面使用很轻的调子或者留白。

8.15 有阴影的树和石头

工具：中等硬度铅笔（HB 或 B），210mm×297mm（A4）复印纸。

在透视图中绘制一条弯曲的驳岸。

在驳岸偏左一点绘制两棵乔木和 5 个石头组成的石组。注意形体之间有重合。假设光线从左上方照射，在观者前方或后方。尝试在不同的地面纹理上绘制阴影，绘制出水平向树影落在不平地面上的形态。

附录

使用透视模板中的竖直量高线

一点透视

步骤一：在地平面上绘制物体的底面轮廓。

步骤二：选择一个向灭点（VP，本图中也是 0 点）消失的边，绘出通过其两端的竖直线。

步骤三：通过两个端点绘制与灭点（VP）相交的直线。

步骤四：在交点处往上立垂线。

步骤五：在竖直量高线（VML）上选择物体对应的高度，绘制水平线，与竖直的辅助线相交。

步骤六：连结灭点（VP）和上个步骤中水平线和竖直辅助线的交点，延长该斜线与物体的竖直线相交。

步骤七：经过该斜线与物体竖直线相交点即为物体的上沿，然后绘制通过交点绘制水平线即为物体的上边缘线。

步骤八：把其他可见的竖直线立起来。

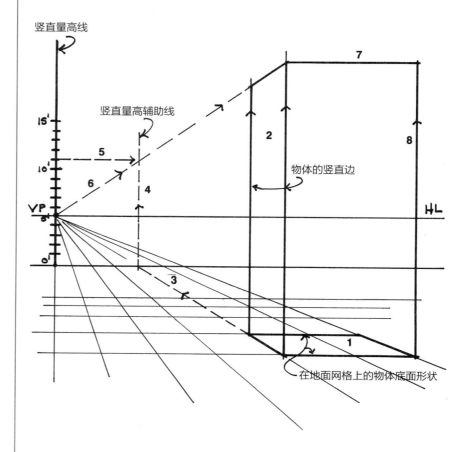

测点透视法

步骤一：在视平线上绘制物体本面。

步骤二：从每个点的高度画向上绘制竖直透视线。

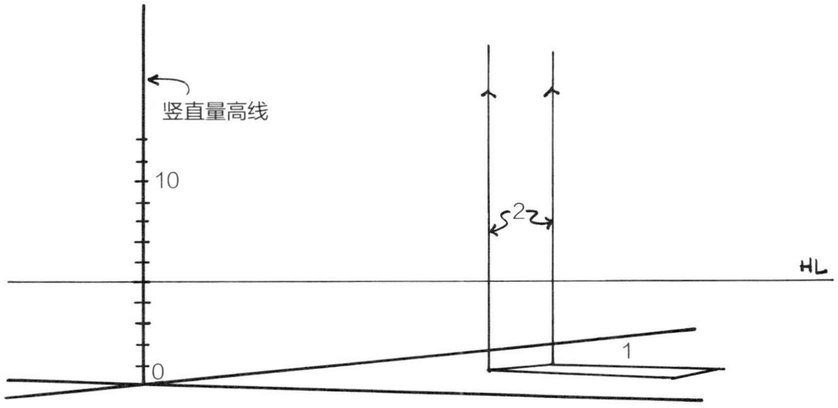

步骤三：向视点方向延长物体斜线，与透过 0 点的竖直透视线重合的透视线之一相交。

步骤四：从与 0 点垂直交点引出水平线，绘制一条竖直线。

HL

VML

竖直透视线

关键透视线

0

10

1

2.5

3

4

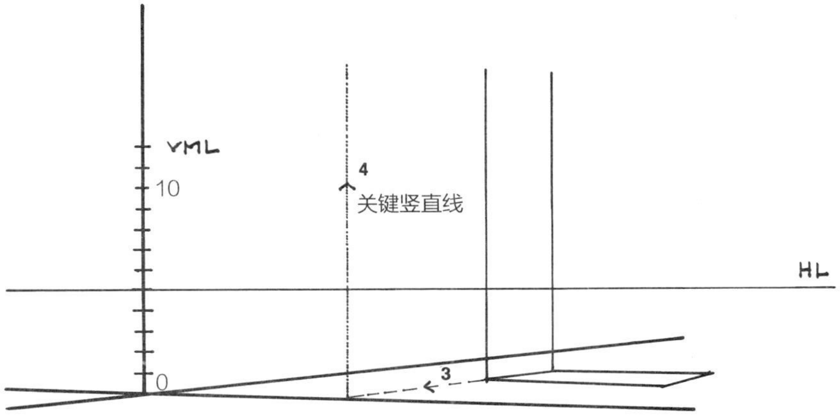

步骤五：确定该 0 点基线对应的灭点（VP）。

步骤六：以需要的高度在竖直量高线上标记，并连接灭点（VP），需要的话延长并与竖直线相交。

步骤七：连接另一个灭点与该交点（需要的话可以延长），并与物体基线端处的竖直线相交。

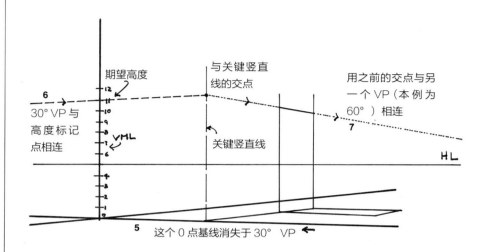

步骤八：把其他角的竖直线也都立起来。

步骤九：绘制构筑物的其他边缘线，确保同一个面的上沿线和下沿线向同一个灭点聚集。

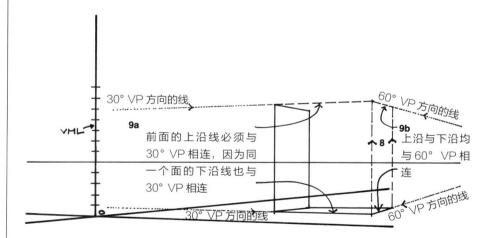

英制与公制转换表

1in=2.54cm
1cm=0.3937in
1ft=0.3048m
1m=3.281ft
1yd=0.9144m
1m=1.094yd
1mi=1.609km
1km=0.6214mi
$1in^2=6.452cm^2$
$1cm^2=0.155in^2$
$1ft^2=0.093m^2$
$1m^2=10.76ft^2$
$1yd^2=0.836m^2$
$1m^2=1.196yd^2$
$1acre=4046m^2$
$1m^2=0.000247acre$
$1acre=0.4046hm^2$
$1hm^2=2.471acre$
$1mile^2=259hm^2$
$1hm^2=0.00386mile^2$
$1mile^2=2.59km^2$
$1km^2=0.386mile^2$

换算

英制

1ft=12in
1yd=3ft
1mi=5280ft
$1acre=43560ft^2$
$1yd^2=9ft^2$
$1mile^2=640acre$
$1yd^3=27ft^3$

公制

1m=100cm
1km=1000m
$1km^2=1000000m^2$
$1km^2=100hm^2$
$1hm^2=10000m^2$
$1m^3=1000000cm^3$

延伸阅读

• Ching, Francis D. K. *Drawing. A Creative Process*. New York: Van Nostrand Reinhold, 1989.
• Ching, Francis D. K. *Design Drawing*. New York: Van Nostrand Reinhold, 1997.
• Doyle, Michael E. *Color Drawing. A Marker/Color Pencil Approach*. New York: Van Nostrand Reinhold, 1981.
• Franks, Gene. *The Art of Pencil Drawing*. Walter Foster Publishing, 1991.
• Guptill, Arthur L. *Rendering in Pen and Ink*. New York: Watson Guptill Publications, 1976.
• Hamilton, John. *The Complete Sketching Book*. London, Great Britain: Hillman Printers, 1999.
• Hamilton, John. *Sketching With Pencil for those who are just beginning*. London, Great Britain: Blandford, an imprint of Cassell and Co., 2000.
• Hanks, Kurt, and Larry Bellison. *Draw! A Visual Approach to Thinking, Learning and Communicating*. Los Altos, California: William Kaufmann, 1977.
• Johnson, Cathy. *Sketching in Nature*. San Francisco: Sierra Club Books, 1990.
• Laseau, Paul. *Graphic Thinking for Architects, Designers and Students*. New York: Van Nostrand Reinhold, 1980.
• Lin, Mike W. *Drawing and Design with Confidence. A Step-By-Step Guide*. New York: Van Nostrand Reinhold, 1992.
• Lin, Mike W. *Architectural Rendering Techniques. A Color Reference*. New York: Van Nostrand Reinhold, 1985.
• Nice, Claudia. *Sketching Your Favorite Subjects in Pen and Ink*. North Light Books, 1992
• Oliver, Robert S. *The Sketch*. New York: Van Nostrand Reinhold, 1979
• Petrie, Ferdinand. *Drawing Landscapes in Pencil*. New York: Watson Guptill, 1992.
• Shen, Janet and Walker, Theodor W. *Sketching and Rendering for Design Presentations*. New York: Van Nostrand Reinhold, 1992.
• Turner, James R. *Drawing with Confidence*. New York: Van Nostrand Reinhold, 1984.
• Wang, Thomas, C. *Pencil Sketching*. New York: Van Nostrand Reinhold, 1977.
• Wang, Thomas, C. *Projection Drawing*. New York: Van Nostrand Reinhold, 1984.
• Wester, Lari M. *Design Communication for Landscape Architects*. New York: Van Nostrand Reinhold, 1990.

索引